Leo Marchlewski

Die Chemie des Chlorophylls

Leo Marchlewski

Die Chemie des Chlorophylls

ISBN/EAN: 9783744720052

Hergestellt in Europa, USA, Kanada, Australien, Japan

Cover: Foto ©berggeist007 / pixelio.de

Weitere Bücher finden Sie auf **www.hansebooks.com**

Die

Chemie des Chlorophylls

von

Dr. L. Marchlewski.

Hamburg und Leipzig,
Verlag von Leopold Voss.
1895.

Herrn

Dr. Edward Schunck

Mitglied der Royal Society

als Zeichen aufrichtiger Verehrung

gewidmet vom Verfasser.

Inhalt.

Einleitung.

Die Chemie des Chlorophylls macht einen langsamen aber stetigen Fortschritt. Beinahe jedes Jahr bringt einen neuen, mehr oder weniger wichtigen, Beitrag zur Kenntnis dieses wichtigsten Naturproduktes, aber trotzdem wird ihm bei weitem nicht die Aufmerksamkeit zuerteilt, die es beansprucht. Die Ursache hiervon liegt zweifelsohne in dem Umstande, dafs die diesbezüglichen Untersuchungen mit einem grofsen Aufwande von Zeit und Geduld durchgeführt werden wollen und, dafs die hier zu behandelnden Körper im allgemeinen von nicht besonders einladenden Eigenschaften sind, insofern wenigstens, als sie durch ihre grofse Empfindlichkeit chemischen Eingriffen gegenüber das Studium sehr erschweren. Andererseits glaube ich, dafs diese Ignorierung der Chlorophyllchemie ihren Grund auch darin hat, dafs wir bis jetzt keine eigentliche Monographie des Chlorophylls besitzen, keine Zusammenstellung der bisherigen Arbeiten aufweisen können, d. h. eines Hilfsmittels entbehren, das erfahrungsgemäfs beim Studium der meisten komplizierten Aufgaben von grofsem Werte ist.

Diese Erwägung bestimmte mich eine solche Arbeit zu unternehmen, um so mehr als die bis jetzt existierenden, von verschiedenen Forschern verfafsten Werke nur vom individuellen, subjektiven Standpunkte aus behandelt wurden und demnach, obwohl sie für die einzelnen behandelten Fragen von hoher Bedeutung sind, für das Gesamtgebiet nur von geringerem Werte sein konnten. Ich hatte erst, nachdem ich mit der geradezu unvergleichlich reichen einschlägigen Litteratur bekannt wurde, Zweifel gehegt, ob es meinen Kräften zuerteilt sein dürfte eine solche Aufgabe zu lösen, sah jedoch bald ein, dafs es doch gelingen kann aus dem vorliegenden Material die Hauptkerne herauszuschälen, miteinander zu vereinigen und so ein Ganzes herzustellen, das dem Forscher als ein Hilfsmittel von einigem Nutzen sein kann. Eine Einschränkung mufste ich jedoch meinen Unternehmungen auferlegen, nämlich nur diejenigen Arbeiten zu berücksichtigen, die sich mit der Chemie nicht aber der Physiologie des Blattgrüns beschäftigen; dementsprechend habe ich das vorliegende Werkchen „Chemie des Chlorophylls" benannt, und hoffe, dafs mit der Zeit von anderer Seite auch die „Physiologie des Chlorophylls" dargelegt werden wird, eine Aufgabe, die ja mit der Verfassung einer eingehenden Geschichte des in der Assimilationstheorie Gewonnenen überhaupt eng verbunden ist.

Allein, die Bezeichnung „Chemie des Chlorophylls" ist keineswegs so präcis wie man wohl auf den ersten Blick annehmen könnte; denn unter dem Namen „Chlorophyll" versteht man nicht immer dasselbe, und die diesbezüglichen Angaben des Chemikers differieren wesentlich von denen des Physiologen. Während der letztere im Chlorophyll bereits eine Vorrichtung erblickt, die, mag es nun direkt oder indirekt, den Assimilationsprozefs verursacht bezw. befördert, also im Chlorophyll ein so zu sagen biologisches Objekt erblickt, und demzufolge genötigt ist dasselbe an lebenden Pflanzen zu studieren, und zwar im Verein mit verschiedensten anderen Erscheinungen — sieht der Chemiker im Chlorophyll, kurz gesagt, eine grün gefärbte und grün färbende Substanz, nicht mehr und nicht weniger als das Wort „Chlorophyll" selbst sagen will. Im letzteren Sinne werde auch ich das Wort „Chlorophyll" benutzen. Damit wird der historisch älteren Benennung das ihr gebührende Vorrecht wieder zuerteilt und die Möglichkeit gegeben, der immer zurückkehrenden Konfusion in den Benennungen ein Ende zu machen, wobei aber natürlicherweise die durchaus legitime Anforderung an die Physiologen gemacht werden mufs, auch ihre Bezeichnungen logisch und einheitlich zu bilden; denn eine Definition der Art: „das Blattgrün besteht aus Chlorophyllkorn und eingelagertem Farbstoff" [1] ist doch wohl zum mindesten schwerfällig.

Der oben befürworteten Benutzungsart des Wortes „Chlorophyll" stellt sich scheinbar ein Hindernis entgegen, insofern als HANSEN beispielsweise meint, dafs „das sogenannte Chlorophyll kein Farbstoff ist, — sondern ein Gemenge von zwei Farbstoffen mit Fettsäureverbindungen." [1] Ich glaube jedoch, dafs man sich über die hieraus erwachsenden Schwierigkeiten leicht hinwegsetzen darf, insbesondere als die Anwesenheit des zweiten, nur wenig die grüne Farbe beeinflussenden Farbstoffes (Carotins), dem Beobachter einer grünen Chlorophylllösung nicht von Belang sein konnte und folglich

[1] HANSEN, *Die Farbstoffe des Chlorophylls* S. 17.

die Benennung „Chlorophyll" nicht imstande war zu beeinflussen, und dann aber, dafs die erwähnten Fettsäureverbindungen gerade nach HANSENS eigenen Untersuchungen ein Bestandteil des die Blätter grün färbenden Stoffes sein sollen. Die Thatsache, dafs nach der Abtrennung dieser Fettsäuren noch ein Körper entsteht, der an sich gefärbt ist, dürfte nur von wenig Belang sein, da sich hier die Verhältnisse offenbar ebenso gestalten, wie bei der gefärbten Ruberythrinsäure, welche, wenn sie auch in zwei nähere Bestandteile getrennt werden kann, von denen der eine farblos, der andere gefärbt ist, sie doch ein gefärbtes Individuum vorstellt. Es wäre ja ohne Frage noch einfacher, wenn man imstande wäre, aus den Pflanzen eine Substanz zu isolieren, von der man behaupten könnte, sie stelle einen Komplex von Atomen dar, der durch hydrolysierende Agentien nicht weiter verändert wird, welche also die eigentliche grüne Farbe der Pflanzen verursacht, und diese mit dem Namen Chlorophyll zu belegen, aber eine solche Substanz kennen wir eben nicht.

Ehe ich zur Besprechung der verschiedenen Chlorophyllderivate (denn um diese handelt es sich hauptsächlich) übergehen werde, halte ich es für angezeigt, bereits in dieser Einleitung in Kürze ein allgemeines Bild der heutigen Chlorophyllchemie zu entrollen.

Das reine Chlorophyll, d. h. denjenigen Körper zu isolieren, wie er als chemisches Individuum durch Alkohol aus grünen Pflanzenteilen extrahiert werden kann, ist bis jetzt noch nicht gelungen. Man findet zwar in der Litteratur Angaben über reines, sogar krystallisiertes Chlorophyll, welche sich jedoch, neueren Forschungen gemäfs, vielmehr auf Chlorophyllderivate beziehen.

Zu den dem Chlorophyll am nächsten stehenden Körpern soll das von HOPPE-SEYLER entdeckte, vor allem aber als ein Derivat des Chlorophylls erkannte, sog. Chlorophyllan, welches aus dem Chlorophyll durch Einwirkung schwacher Säuren, vornehmlich organischer, entsteht, gehören.

Das Chlorophyllan wird, älteren Anschauungen nach, durch stärkere Säuren weiter umgewandelt, indem Phylloxanthin und Phyllocyanin gebildet werden.

Die beiden letztgenannten Körper wurden zuerst von FRÉMY bei der Behandlung von Chlorophylllösungen mit Äthersalzsäure beobachtet und neuerdings von SCHUNCK in reinem Zustande erhalten. Demselben Forscher verdanken wir auch ein Studium der weiteren Umwandlungsprodukte des Phyllocyanins. Letzteres wird durch konz. Säuren oder Alkalien in einen neuen Körper, das Phyllotaoniu, umgewandelt, welches zweifelsohne zu den bestcharakterisierten Derivaten des Chlorophylls und zu den schönsten Körpern der organischen Chemie gezählt werden muſs.

Durch Alkalien wird Chlorophyll in Alkachlorophyll umgewandelt und dieses liefert mit Säuren bei Anwesenheit eines Alkohols einen Alkyläther des Phyllotaonins. Die erwähnten Körper: Chlorophyllan, Phylloxanthin, Phyllocyanin, Alkachlorophyll und Phyllotoanin sind Abbauprodukte des Chlorophylls, die ihre Entstehung verhältnismäſsig gelinde verlaufenden Reaktionen verdanken, und ist zu hoffen, dafs besonders das Studium des letztgenannten Chlorophyllderivates Einsicht in die Molekel des Chlorophylls selbst gestatten wird. Als erster Versuch in dieser Richtung ist die Behandlung des Phyllotaonins mit Alkalien bei hoher Temperatur zu betrachten. Es entsteht hierbei das Phylloporphyrin.

Die erwähnten Umwandlungen werden durch die folgende Tabelle übersichtlich dargestellt.

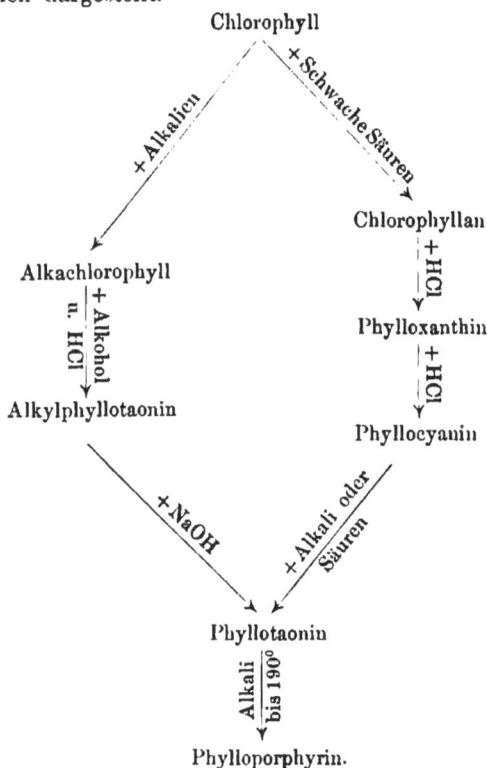

Chlorophyll

+ Alkalien

+ Schwache Säuren

Chlorophyllan
+ HCl
Phylloxanthin
+ HCl
Phyllocyanin

Alkachlorophyll
u. HCl | + Alkohol
Alkylphyllotaonin

+ NaOH

+ Alkali oder Säuren

Phyllotaonin
Alkali bis 190°
Phylloporphyrin.

Ich werde im Nachfolgenden die verschiedenen Umwandlungsprodukte des Chlorophylls in derselben Reihenfolge besprechen, wie
sie in der obigen Tabelle angeführt sind, wobei von den Säurespaltungs-
produkten begonnen werden soll. Der Inhalt teilt sich demgemäfs
in folgende Abschnitte ein:

1. Chlorophyll.
2. Chlorophyllan.
3. Phylloxanthin.
4. Phyllocyanin.
5. Umwandlung des Phyllo-
   xanthins in Phyllocyanin.
6. Alkachlorophyll.
7. Phyllotoanin.
8. Phylloporphyrin.
9. Schlufsbetrachtungen.

Anhangsweise findet sich ein angeblich naher Verwandter des
Chlorophylls, das Etiolin, und der stetige Begleiter des ersteren, Carotin (Chrysophyll, Erythrophyll) in den Hauptzügen charakterisiert.

Gemäfs dem vorgesteckten Ziele dieser Arbeit habe ich es
unterlassen eine erschöpfende Geschichte sämtlicher über das Chlorophyll gelieferter Arbeiten zu geben, um so mehr, als die Werke
von KRAUS, TSCHIRCH, HANSEN und anderer diesem Bedürfnis genügend Rechnung tragen. Hingegen wird vielleicht eine Zusammenstellung möglichst aller zur Chemie des Chlorophylls gehörenden
Arbeiten nicht als unnütz erscheinen, und habe ich deshalb eine
solche, mit Hilfe der bereits von TSCHIRCH bis zum Jahre 1884 ver-
fertigten, am Schlusse des Werkchens angebracht.

Chlorophyll.

Chlorophyll wurde bis jetzt, wie bereits in der Einleitung hervorgehoben, nicht im freien Zustande als unveränderte Substanz gewonnen. Demzufolge ist es unmöglich eine genaue Charakteristik desselben zu geben. Über seine Eigenschaften kann man sich nur vermutungsweise, aus den Eigenschaften seiner alkoholischen Lösung, die jedoch immer noch andere Substanzen beigemengt enthält, ein Urteil bilden. Die Eigenschaften solcher Lösungen sind nun bereits ziemlich gut bekannt und zwar konnte den ältesten, von SENEBIER[1] gemachten Beobachtungen nicht viel zugefügt werden.

SENEBIER beschäftigte sich vor allem mit dem Studium der Veränderungen, welchen alkoholische Chlorophylllösungen im Lichte unterliegen. Er konstatierte, dafs dieselben nach einiger Zeit vollständig ausbleichen und hob hervor, dafs diese Erscheinung keineswegs auf Wärmewirkung der Strahlen zurückzuführen sei, indem er zeigte, dafs Chlorophylllösungen, welche in undurchsichtigen Porzellanflaschen der Wirkung des Sonnenlichtes preisgegeben waren, ihre ursprüngliche Farbe beibehielten.

Ferner konstatierte er, dafs Schwefelsäure Chlorophyll zerstört, indem sie es in braune Substanzen umwandelt, und dafs Alkalien scheinbar, auch nach wochenlanger Einwirkung, das Chlorophyll nicht angreifen.

Weitere Beobachtungen, die an alkoholischen Chlorophylllösungen gemacht worden sind, beziehen sich im Grunde genommen auf die Säure- und Alkaliwirkung. Von den älteren diesbezüglichen Angaben sei nur die Arbeit von PELLETIER und CAVENTOU ausführlicher referiert, da wir in derselben zum erstenmal die Bezeichnung „Chlorophyll" vorfinden, und da sie Bestrebungen enthält, den Chlorophyllfarbstoff in fester Form darzustellen. Im „Journal de Pharmacie" 3, p. 486, in dem Aufsatz betitelt „Sur la matière verte des feuilles", finden sich folgende Bemerkungen der genannten Autoren.

---

[1] *Mémoires physico-chimiques* (1782) **3**, 1—65.

„Nous avons d'abord cherché à nous procurer la matière verte à l'état de pureté et à cet effet, nous avons traité par l'alcohol dephlegmé et à la température ordinaire le marc bien exprimé et bien lavé de quelques plantes herbacées.

La liqueur alcoholique filtrée était d'un beau vert; et par une évaporation ménagée elle a fourni une substance d'un verte foncé et d'apparence résineuse. Cette matière, réduite en poudre et traitée par l'eau chaude a acquis un grand degré de pureté, en abandonnant un peu de matière colorante ou extractive brune ... elle se dissolvait entièrement dans l'alcohol, l'éther, les huiles et le chlore detruisait sur le champ sa couleur verte.

L'action des acides sur la matière verte est assez remarquable. L'acide sulfurique même concentré la dissout à froid sans l'altérer; et cet acide, mêlé a parties égales avec une dissolution alcoholique de matière verte, ne lui fait éprouver aucun changement.

La dissolution de matière verte dans l'acide sulfurique se trouble et abondonne une portion de matière colorante lorsqu'on y ajoute de l'eau; il en reste cependant une quantité très-notable dans la liqueur et on peut l'en extraire, en saturant l'acide par un alcali ou un carbonat alcalin.

L'acide hydro-chlorique altère sensiblement la matière verte et lui fait prendre une teinte jaunàtre qu'elle ne peut plus perdre.

L'acide nitrique agit avec énergie sur cette substance et d'une manière tout particulière. Il détruit d'abord la couleur verte pour lui en substituer une jaune grisâtre: le dégagement d'acide nitreux se manifeste et la matière disparaît en presque totalité, par sa dissolution dans l'acide surtout à chaud.

En dernier résultat, on obtient une matière d'un blanc sale, sans saveur ni odeur; soluble dans l'acide nitrique concentré, insoluble dans les alcalis et dans l'eau et ne donnant aucune trace d'acide oxalique ni mucique.

Le chlore detruit avec la plus grand rapidité la couleur verte de cette substance: il la répare de son dissolvant sous forme d'une matière floconneuse jaune qui n'a plus aucun rapport avec la substance d'où elle provient. Ce fait avait été observé par M. Proust.

L'iode agit d'une manière analogique à celle du chlore; mais son action est extrêmement lente et insensible dans ses premiers moments.

L'action des alcalis sur la matière verte est en partie déjà connue; on sait que les dissolutions alcalines la dissolvent sans l'altérer, elles semblent même raviver la couleur. Si on sature l'alcali par un acide faible, la matière verte est en partie précipitée sans aucune altération.

Nous avons également recherché l'action que pouvait avoir sur la matière verte les substances végétales, que l'on peut regarder comme ageres chimiques. Nous nous sommes assurés que parmi les acides végétaux l'acide acétique seul la dissolvait d'une manière remarquable; l'eau ne peut la précipiter de ces dissolutions: elle est soluble dans les éthers sulfurique et acétique; les huiles fixes la dissolvent aussi, l'action des huiles volatiles est moins marquées: on sait enfin qu'elle se dissout dans les graisses.

Nous avons aucun droit pour nommer une substance conue depuis longtemps et à l'histoire de laquelle nous n'avons ajouté que quelques faits: cependant nous proposerout, sans y mettre aucune importance, le nom de chlorophyle de χλόρος couleur et φύλλον feuille.

Die Beobachtungen von PELLETIER und CAVENTOU beziehen sich, wie man jetzt beurteilen kann, keineswegs auf eine einheitliche Substanz und besitzen demnach nur einen relativen Wert.

Die Wirkung der Säuren auf Chlorophyll wurde späterhin ein beliebtes Forschungsgebiet. Dem Aufwand von Sorgfalt und Mühe hat jedoch das Resultat nicht entsprochen. Man hat zwar dabei eine ganze Reihe sog. modifizierter Chlorophylle entdeckt, dieselben auch gelegentlich mit besonderen Namen belegt, aber der positive Gewinn blieb leider sehr gering.

Erst in den Händen FRÉMYS lieferte das Studium der Säureeinwirkung auf Chlorophyll ein wirklich brauchbares Resultat, welches späterhin von SCHUNCK in jeder Richtung mit bewunderungswertem Geschick ausgearbeitet und erweitert wurde. Die Wirkung der Alkalien auf Chlorophyll wurde bereits von BERZELIUS näher untersucht. Er glaubte Alkalien liefsen den Farbstoff unverändert, und gründete auf dem Verhalten der Alkalien dem Chlorophyll gegenüber eine Reindarstellung des letzteren. Seine Methode bestand in Folgendem:[1] Blätter von Sorbus Aria wurden zerquetscht und mit Äther extrahiert. Die ätherische Lösung wurde (wahrscheinlich vor Licht geschützt) sich selbst beinahe für die Dauer eines halben Jahres überlassen und sodann der Äther auf dem Wasserbade abdestilliert. Der getrocknete Rückstand wurde mit Alkohol übergossen und so lange mit Alkohol behandelt, als dieser

---

[1] *Ann. Chim. u. Pharm.* 27, 296.

sich noch grün färbte. Die alkoholische Lösung wurde mit Wasser gefällt und die Fällung mit starker Kalilauge übergossen; die Kalilauge färbte sich grün und wurde nach 12stündiger Einwirkung mit dem doppelten Volum Wasser verdünnt. Nun wurde zum Kochen erhitzt und filtriert. Durch Essigsäure wurde der Farbstoff wieder ausgefüllt, filtriert und getrocknet. Das erhaltene Produkt stellte das „reine" Chlorophyll dar.

BERZELIUS bediente sich übrigens auch anderer Methoden; aus salzsauren Lösungen gewann er beispielsweise den Farbstoff durch Ausfällen mit Calciumcarbonat, wobei, wie wir jetzt wissen, ein ganz anderes Produkt erhalten werden mußte, als nach der ersten Methode. Die BERZELIUS'sche Darstellungsweise des Chlorophylls wurde dann manches Mal wiederholt. MULDER[1] beispielsweise stellte das Chlorophyll (durch Behandlung einer salzsauren Chlorophylllösung mit Marmor) dar, analysierte es, fand hierbei 55.0% C, 4.5% H und 6.68% N und gab ihm, jedoch mit Vorbehalt,[2] die Formel $C_{18}H_{18}N_2O_6$. In neuerer Zeit wurde die Wirkung des Alkalis auf Chlorophyll häufig verfolgt. Man kam zu der Überzeugung, daß die BERZELIUSsche Methode nicht zum Chlorophyll selbst, sondern zu einem Derivat desselben führe, dem sog. Alkachlorophyll, einer Substanz, die jedenfalls mit dem Chlorophyll selbst sehr verwandt zu sein scheint. HANSEN ist zwar anderer Meinung. Nach der Überzeugung dieses Forschers ist das nach der BERZELIUSschen (jedoch von HANSEN verschiedentlich verbesserten) Methode gewonnene Produkt reines Chlorophyll, d. h. das Blattgrün selbst. HANSEN steht jedoch mit seiner obigen Ansicht ziemlich vereinzelt da; sämtliche spätere Forscher, die die Wirkung des Alkalis auf Chlorophyll chemisch verfolgten, kamen zur Überzeugung, daß der nach HANSENS resp. BERZELIUS Methode erhaltene Körper bereits ein Chlorophyllderivat sei. Die Streitfrage läßt sich an Hand physikalischer Untersuchungsmethoden nicht entscheiden. Es wurde zwar hervorgehoben, daß das Alkachlorophyll ein sehr verschiedenes Spektrum als die alkoholischen Blätterauszüge besitzt, aber dieser Einwand wurde mit Recht von HANSEN als nicht notwendig ausschlaggebend betrachtet, da es eben nicht gleichgültig ist, ob man das Spektrum eines reinen Körpers, oder eines mit verschiedenen anderen verunreinigten studiert. Hingegen glaube ich, daß die in neuester Zeit

---

[1] *Journ. pr. Chem.* (1844) **33**, 479.
[2] *Physiologische Chemie* S. 289.

geliefertcn Untersuchungcn, nach welchen alkoholische Chlorophylllösungen mit Säuren behandelt, etwas ganz anderes liefern als das
Alkachlorophyll (erstcre nämlich Phyllocyauin und Phylloxanthin,
letzteres Phyllotaonin resp. dessen Äther) für die Streitfrage von
gröfster Bedeutung waren. Die Streitfrage kann gar nicht mehr
existieren. Chlorophyll wird notorisch durch Alkalien angegriffen.
Eine auf ganz anderen Prinzipien beruhende Reindarstellung
des Chlorophylls wurde von Tschirch[1] vorgeschlagen. Dieser Forscher, der besonders das Chlorophyllan eingehender studierte, bemühte
sich ein Derivat des Chlorophylls, nämlich das erwähnte Chlorophyllan in Chlorophyll zurückzuverwandeln. Chlorophyllan sollte
nach Tschirch ein Oxydationsprodukt des Chlorophylls sein und
konnte es demnach gelingen durch Reduktion desselben zum Chlorophyll selbst zu gelangen. Die durch Behandlung des Chlorophyllans
mit Zink in alkoholischer Lösung erhaltene Substanz erwies sich auch
in ihrem optischen Verhalten dem Chlorophyll ähnlich und sie wurde
anfänglich für solches angesehen. Schunck[2] machte jedoch alsbald
darauf aufmerksam, dafs die Zinkdoppelverbindungen des Phyllocyanins sich spektroskopisch dem Chlorophyll ganz analog verhalten
und hielt dieser Forscher das Tschirchsche Reinchlorophyll für eine
Verbindung des Phyllocyanins mit einer Fettsäure und Zink, eine
Ansicht, die von Tschirch[3] selbst insofern bestätigt wurde, als er in
seinem „Reinchlorophyll" Zink nachweisen konnte.

Diese kurze Charakterisierung der wichtigsten Versuche zur
Isolierung des Chlorophylls darf nicht geschlossen werden, ohne dafs
die prinzipiell selbständige Methode von G. Kraus[4] erwähnt wird.
Dieser Forscher bemühte sich, den ständigen Begleiter des Chlorophylls, Chrysophyll oder Carotin, vom Chlorophyll, auf Grund der
verschiedenen Löslichkeit dieser Körper in organischen Solventien,
zu trennen. Er fand, dafs bei der Behandlung eines alkoholischen
Blätterextraktes mit Benzin, letzteres nur Chlorophyll[5] aufnimmt,
während das Carotin in der alkoholischen Lösung zurückbleibt.
Selbstverständlich wird hierbei keineswegs, wie auch der Urheber
der Methode zugab, keine absolute Reindarstellung des Chlorophylls
ermöglicht.

---

[1] *Ber. deutsch. chem. Ges.* 1883, S. 2731.
[2] *Proc. Roy. Soc.* 39, 360.
[3] *Berichte d. deutschen bot. Gesellsch.* 1885, XLVIII.
[4] *Zur Kenntnis der Chlorophyllfarbstoffe etc.* Stuttgart 1872.
[5] Kraus's Kyanophyll.

Es wäre durchaus zwecklos, wollte ich alle Methoden hier an-
führen, die die Reindarstellung des Chlorophylls zum Zwecke haben.
Sie sind meistens nur Modifikationen der oben erwähnten, als typisch
anzusehenden Methoden, und haben durchaus kein reines, unverändertes Chlorophyll geliefert. Von der weiteren Verfolgung dieses
Kapitels der Chlorophyllchemie darf daher Abstand genommen werden.

Chemische Eigenschaften einer alkoholischen Chlorophylllösung.

Die Lösungen des Chlorophylls in Alkohol sind ziemlich licht-
empfindlich. Dieselben, der Wirkung des Sonnenlichtes ausgesetzt,
bleichen alsbald gänzlich aus.[1] Der färbende oder gefärbte Komplex
des Chlorophyllmoleküls unterliegt also leicht totalen Veränderungen
und unterscheidet sich in dieser Beziehung nicht viel von manchen
natürlichen und künstlichen Farbstoffen.

Die grüne Lösung wird durch Zusatz von Säuren, besonders
schnell von Mineralsäuren, mifsfarbig, braungelb bis braun. Diese
Umwandlung nannte man auch gelegentlich Hypochlorinreaktion.
Es entstehen hierbei die „modifizierten" Chlorophylle der früheren
Autoren, oder Chlorophyllan, Phyllocyanin und Phylloxanthin der
neueren Forscher. Chlorophyllan soll sich vorwiegend bei der Be-
handlung der alkoholischen Lösungen des Chlorophylls mit schwachen
Säuren bilden, während Phylloxanthin resp. Phyllocyanin durch starke
Mineralsäuren hervorgerufen werden.

Durch Alkalien wird die alkoholische Chlorophylllösung scheinbar nicht verändert. Die Lösungen werden aber bedeutend licht-
beständiger, auch sind sie gegen Säuren nicht so empfindlich, wie
die mit Alkalien nicht behandelten. Durch starke Säuren werden
diese Lösungen nach längerer Einwirkung purpurfarbig und enthalten dann Derivate des Phyllotoanins resp. dieses selbst.

Physikalische Eigenschaften der alkoholischen Chlorophylllösungen.

Zu den wichtigsten Eigenschaften alkoholischer Chlorophylllösungen gehört die Fluorescenz und das charakteristische Absorptionsspektrum.

Das spektroskopische Verhalten wurde zuerst von BREWSTER
studiert. Die von diesem Forscher gewonnenen Resultate wurden
im Laufe der Zeit nur wenig modifiziert.

---

[1] Über die physikalischen Eigenschaften verfärbter Chlorophylllösungen
vgl. GERLAND, *Pogg. Ann.* **143**, 585.

Der alkoholische Blätterauszug zeigt ein Spektrum mit sechs Absorptionsbändern. Von diesen werden die vier ersten, im weniger brechbaren Ende durch den grünen Bestandteil solcher Lösungen verursacht, während die beiden letzten (nur bei Sonnenlicht wahrnehmbaren) im stärker brechbaren Teile gelegenen, wie KRAUS bewiesen hat, ihr Dasein dem gelben Bestandteile, dem Carotin verdanken.

Bezeichnet man die Absorptionsbänder, von dem im äufsersten Rot gelegenen beginnend, mit I, II, III, IV, so ergiebt sich, dafs das dunkelste unter ihnen Band I ist; dann folgt II, IV und schliefslich III [1]. Bei ganz frischen Lösungen, die aus wenig Säure enthaltendem Material hergestellt worden sind, ist Band III intensiver als Band IV. Es wird demnach vermutet [2], dafs Band IV überhaupt nicht vom Chlorophyll herrührt, sondern sich vielmehr auf seine Spaltungsprodukte bezieht.

Die lebenden Blätter zeigen ein ähnliches Spektrum, nur sind die Bänder, wie zu erwarten, verschoben und zeigen auch stets eine andere Reihenfolge in der Intensität der Streifen. Dieselben nehmen nämlich, von Band I beginnend, an Helligkeit zu. Die genaue Angabe der Lage des Absorptionsstreifens, in Wellenlängen ausgedrückt, gestaltet sich für alkoholische Chlorophylllösungen aus frischem Grase wie folgt:

Band I: von λ 670 bis λ 635.
„ II: „ λ 622 „ λ 597.
„ III: „ λ 587 „ λ 565.
„ IV: „ λ 544 „ λ 530.

Das Spektrum [3] des Fluorescenzlichtes beschränkt sich auf einen Streifen im weniger brechbaren Teile des Spektrums, seine Lage charakterisiert sich durch die Werte:

$$\lambda = 680 \text{ bis } \lambda = 620$$

Erwähnt sei schliefslich noch, dafs das Chlorophyll nach HANSENS [4] Untersuchungen die Fähigkeit hat, die ultravioletten Strahlen vollständig zu absorbieren, während es sich den infraroten gegenüber vollständig passiv verhält d. h. dieselben ungeschwächt durchgehen läfst.

---

[1] PRINGSHEIM, Monatsber. d. Berl. Akadem. Oktober 1874.
[2] SCHUNCK, Annals of Botany 3 (Nr. IX), 73.
[3] HAGENBACH, Pogg. Ann. 141, 256. — TSCHIRCH, Untersuchungen etc. Berlin 1884, S. 53.
[4] l. c. S. 81 u. 83. Diese Angaben beziehen sich übrigens genau genommen auf Alkachlorophyll.

Chlorophyllan.

Es wurde bereits der sog. modifizierten Chlorophylle Erwähnung
gethan. Dieselben entstehen, wenn man alkoholische Chlorophylllösungen mit Säuren behandelt. Die Farbe der Lösung wird hierbei
verändert, nämlich olivengrün bis braun, und das spektroskopische
Verhalten der Lösung ist auch von dem der frischen verschieden.
Solange das Studium dieser Veränderungen nur an Hand physikalischer Versuche kultiviert war, gelangte man zu keinen für die
Chemie des Chlorophylls brauchbaren Resultaten. Erst die nähere
chemische Forschung versprach einen Einblick in diese Verhältnisse
zu gewähren. Das Verdienst diesen Punkt der Chlorophyllchemie ins
richtige Geleise zu leiten, fällt HOPPE-SEYLER[1] zu.

Es gelang diesem Forscher ein krystallisiertes Produkt zu erhalten, dessen Eigenschaften nach TSCHIRCH[2] mit denjenigen der
„modifizierten" Chlorophylle übereinstimmten, ein Resultat, welches
anfänglich zu grofsen Hoffnungen Veranlassung gab. In neuerer Zeit
wird jedoch von mehreren Seiten die Individualität des Chlorophyllans
in Frage gezogen. Trotzdem halte ich es für zweckmäfsig das über
Chlorophyllan Gesagte ausführlich anzugeben, weil erstens die Frage
nach der Einheitlichkeit resp. Nichteinheitlichkeit dieses Körpers
nicht mit gewünschter Schärfe entschieden ist und zweitens, weil
HOPPE-SEYER an Hand der Umwandlungen des Chlorophyllans eine
Ansicht über die chemische Natur des Chlorophylls selbst ausgesprochen hat, die von der obigen Angelegenheit unabhängig ist
und sehr der Beachtung wert ist.

Ehe zur Besprechung der Eigenschaften des Chlorophyllans
und seiner chemischen Natur geschritten wird, sollen hier möglichst
ausführlich die Darstellungsmethoden dieses Körpers beschrieben
werden.

Methode von HOPPE-SEYLER.

Frisch gepflücktes Gras wird mit Äther übergossen und
24 Stunden stehen gelassen. Nach dem Abgiefsen der ätherischen
Lösungen werden die Grasblätter von neuem unter Äther gebracht,
24 Stunden stehen gelassen, der Äther abgegossen und dann zum
drittenmal mit Äther 6—24 Stunden stehen gelassen. Nach dieser
erschöpfenden Behandlung mit Äther werden die Grasblätter mit

[1] *Zeitschr. physiol. Chem.* **3**, 340, **4**, 193, **5**, 75.
[2] *Untersuchungen etc.* Berlin 1884.

absolutem Alkohol auf dem Wasserbade bis zum Sieden des Alkohols erhitzt, dann 24 Stunden stehen gelassen, abermals erhitzt und dann filtriert. Die alkoholische Lösung, um sie recht konzentriert zu machen, wird nochmals zur Extraktion einer zweiten, mit viel Äther in der geschilderten Weise behandelten Portion Grasblätter benutzt und heifs filtriert. Beim Erkalten der konzentrierten Farbstofflösung und Stehen über Nacht scheiden sich feine, rote, verzogene, rechtwinklige Krystallblättchen aus, die das Carotin repräsentieren. Nach Abtrennung dieser Krystalle durch Filtration wird die Lösung bei mäfsiger Wärme in Glasschalen auf dem Wasserbade verdunstet, der Rückstand mit Wasser behandelt, welches Salze und viel Zucker aufnimmt, dann in Äther gelöst, filtriert und bei loser Bedeckung die Lösung zur Verdunstung hingestellt. (Alle beschriebenen Prozeduren werden bei möglichstem Lichtabschlusse ausgeführt.)

Wenn ein Teil des Äthers verdunstet ist, zeigen sich an der Wandung und am Boden des Getäfses körnige Krystalle, im durchfallenden Lichte braun, im auffallenden Lichte dunkelgrün gefärbt erscheinend. Wenn der Äther gröfstenteils verdunstet ist, scheiden sich auch dunkelgrüne ölige Tropfen aus. Der Niederschlag wird mit kaltem Alkohol gewaschen und das Ungelöste in heifsem Alkohol gelöst und filtriert. Die beim Erkalten sich abscheidenden Körner werden abfiltriert, mit etwas kaltem Alkohol gewaschen, in Äther gelöst und beim Verdunsten des Äthers in reinen Krystallen gewonnen. Durch Wiederholung der Behandlung mit kaltem Alkohol, Lösen in heifsem Alkohol, Erkaltenlassen der Lösung und Umkrystallisieren der ausgeschiedenen Krystalle aus Äther, wird der Farbstoff rein gewonnen. Die alkoholischen Lösungen geben beim Verdampfen weitere Quantitäten dieses dunkeln Farbstoffes, der dann durch Wiederholung des angegebenen Verfahrens gereinigt wird.

Methode von Arthur Meyer.[1]

Nach Meyer soll das Chlorophyllan leicht erhalten werden, indem man Gras mit Eisessig kocht, eine konzentrierte Lösung herstellt und dieselbe sich selbst überläfst. Nach einiger Zeit scheidet sich Chlorophyllan krystallinisch aus und kann weiter nach Hoppe-Seylers Vorschriften gereinigt werden.

---

[1] *Bot. Zeit.* (1882) 533.

TSCHIRCHS Verfahren.[1]

Dieser Forscher fügt folgende Bemerkungen über die Chlorophyllandarstellung hinzu.

Grasblätter werden zunächst mit verdünnter Säure behandelt, die Säure sodann durch Waschen mit Wasser entfernt, und nun das Gras durch Behandlung mit Äther vom Wachs befreit. Die Blätter werden mit Alkohol extrahiert und der konzentrierte Auszug auf ein halbes Volum eingeengt. Beim Erkalten scheiden sich Mengen unreinen Chlorophyllans ab, welches sich leicht aus Alkohol umkrystallisieren läfst. Auch durch Fällen konzentrierter Chlorophyllauszüge mittels verdünnter Salzsäure soll man einen Niederschlag von Rohchlorophyllan erhalten, das durch Umkrystallisieren leicht gereinigt werden kann. Mittels Benzins kann man das Chlorophyllan leicht von dem gelben Farbstoff und den Extraktivstoffen (wenn auch nicht quantitativ) trennen, da dasselbe alles Chlorophyllan aus den Lösungen aufnimmt.

Methode von GAUTIER.[2]

Ich führe schliefslich noch die Methode von GAUTIER an. Dieselbe soll nach dem genannten Forscher zum reinen Chlorophyll führen. Die Eigenschaften des erhaltenen Körpers stimmen jedoch in den meisten Punkten so genau mit denjenigen für das Chlorophyllan angegebenen überein, dafs es keinem Zweifel unterliegen kann, dafs GAUTIER's Substanz mit HOPPE-SEYLERS identisch ist.

Spinat oder Kresseblätter werden zerrieben, der Brei durch wenig Soda neutralisiert und dann geprefst. Den Prefsrückstand verteilt man in Alkohol von 55 % und prefst ihn wieder aus. Er wird dann mit Alkohol von 83 % ausgezogen, die alkoholische Lösung mit Tierkohle (15 g auf 1 Liter Lösung) 4—5 Tage lang in Berührung gelassen und die Kohle hierauf abfiltriert und mit Alkohol von 65 % gewaschen um Chrysophyll zu entfernen. Durch Ligroïn wird endlich aus der Kohle das Chlorophyllan ausgezogen.

Eigenschaften des Chlorophyllans.

HOPPE-SEYLER beschreibt die Eigenschaften des Chlorophyllans wie folgt:

Es scheidet sich aus den ätherischen Lösungen in kugelige

---

[1] Untersuchungen etc. S. 47.
[2] Bull. Soc. chim. 32, 499.

Körnern und Krusten aus, wenn dieselben bei gewöhnlicher Temperatur verdunsteten; die Krystallisation ist vollständig, auch mit dem Mikroskop ist keine amorphe Substanz zwischen den Krystallen zu entdecken. Die Form der Krystalle ist ähnlich der der Palmitinsäure, sichelförmig gebogene, spitzwinklige Täfelchen, oft rosettenförmig oder radial nach allen Richtungen um einen Punkt gestellt; im auffallenden Lichte sind die Krystalle schwärzlich grün, sammetartig mit etwas Metallglanz, im durchfallenden Lichte braun. Die Substanz besitzt die Konstitution von Bienenwachs, klebt am Glas oder Metall leicht fest, und ist davon ohne Auflösung nicht zu entfernen.

Durch längeres Stehen über Schwefelsäure oder im Rezipienten der Luftpumpe verlieren die Krystalle zunächst etwas an Gewicht, indem wahrscheinlich noch etwas Alkohol und Äther in denselben hartnäckig zurückgehalten werden. Sind sie dann einmal bei gewöhnlicher Temperatur über Schwefelsäure getrocknet, so verlieren sie gar nichts beim Erhitzen bis über 110°.

Der Schmelzpunkt liegt über 110°.

Die Chlorophyllankrystalle lösen sich nicht in Wasser, schwer in fetten Ölen und Paraffin, leicht im heifsen Alkohol, sehr leicht in Äther, Benzol, Chloroform und Petroläther.

Chemische Zusammensetzung des Chlorophyllans.

Chlorophyllan ist aschenhaltig. Die Asche ist magnesia- und phosphorsäurehaltig.

Die Zusammensetzung des Chlorophyllans drückt sich nach HOPPE-SEYLER durch folgende Werte aus:

C : 73.345 %	P : 1.380 %
H : 9.725 „	Mg : 0.340 „
N : 5.685 „	O : 9.525 „

GAUTIER[1] und ROGALSKI,[2] die aller Wahrscheinlichkeit nach ebenfalls Chlorophyllan analysierten, erhielten folgende Resultate:

	GAUTIER	ROGALSKI	
C	73.97	73.20	72.83
H	9.80	10.50	10.25
N	4.15	4.14	4.14
Asche	1.75	1.674	1.639

[1] l. c.
[2] *Compt. rend.* [2] **90,** 881.

Da die Phosphorsäure und Magnesia als integrierender Bestandteil des Chlorophyllans angesehen werden, läfst sich eine einfache Formel für diese Substanz nicht ableiten.

Dafs der Phosphor- und Magnesiagehalt nicht auf Verunreinigungen durch Lecithin zurückgeführt werden kann, folgt nach Hoppe-Seyler daraus, dafs die alkoholischen Mutterlaugen des Chlorophyllans einen Körper lieferten, dessen Phosphor- und Magnesiagehalt geringer war, als der des Chlorophyllans.

Um über die Natur des phosphor- resp. magnesiahaltigen Bestandteils des Chlorophyllans Aufschlufs zu bekommen, wurde Chlorophyllan durch Kochen mit alkoholischem Kali zersetzt und die entstandenen Produkte näher untersucht.

Der Versuch wurde von Hoppe-Seyler wie folgt durchgeführt. Chlorophyllan wird eine Stunde lang mit alkoholischem Kali gekocht. In die alkalische Lösung wird sodann ein Strom von Kohlensäure geleitet, behufs Umwandlung des freien Alkalis in Karbonat. Hierbei fällt aus der Lösung Kaliumbikarbonat, das Kaliumsalz einer unten zu erwähnenden Säure (Chlorophyllansäure), und die phosphorhaltige Substanz. Die Kalisalze werden nun in Wasser gelöst und mit essigsaurem Baryt versetzt. Hierbei fällt chlorophyllansaures Baryum und Baryumkarbonat, während die phosphorhaltige Substanz neben essigsaurem Kalium in Lösung bleibt. Das in Wasser lösliche Barytsalz der phosphorhaltigen Säure hat sich als glycerinphosphorsaures Baryum herausgestellt. Durch Kochen mit verd. Schwefelsäure wird es in Glycerin und Phosphorsäure gespalten.

Die vom Kaliumkarbonat, Chlorophyllansäuren und glycerinphosphorsaurem Kalium befreite alkoholische Lösung enthält nach Hoppe-Seyler Cholin, welches durch das Platindoppelsalz identifiziert wurde. Auf Grund dieser Versuche spricht Hoppe-Seyler den folgenden Satz aus: Chlorophyllan ist sehr wahrscheinlich nicht mit Lecithin verunreinigt, sondern ist eine Verbindung von Chlorophyllansäure mit Lecithin oder gar selbst ein Lecithin, in welchem, in Übereinstimmung mit anderen Lecithinen sich Glycerin und Cholin in Verbindung mit Phosphorsäure befinden; das Glycerin ist aber aufserdem (entweder allein oder zugleich mit Fettsäuren) in Verbindung mit Chlorophyllansäure.

Spektroskopisches Verhalten des Chlorophyllans.

Die alkoholische braune Lösung des Chlorophyllans fluoresciert sehr stark und giebt ein aus fünf Bändern bestehendes Spektrum.

Dieselben werden nach Tschirchs Messungen für Lösungen mittlerer
Konzentration durch folgende Wellenlängen charakterisiert:

Band I zwischen $\lambda = 680 - \lambda\ 640$

„ II „ $\lambda = 620 - \lambda\ 590$

„ III „ $\lambda = 570 - \lambda\ 560$

„ IVa „ $\lambda = 550 - \lambda\ 530$

„ IVb „ $\lambda = 513 - \lambda\ 490$ [1]

Kontinuierliche Endabsorption von $\lambda = 470$ an. Die Reihenfolge der Helligkeit der Bänder ist vom dunkelsten beginnend:

I, IVa, IVb, II, III.

Band IVb ist für das Chlorophyllan charakteristisch. Es fehlt, wie
bereits Hagenbach[2] angab, dem normalen Chlorophyllspektrum. Die
Merkmale, die das Chlorophyllanspektrum von dem normalen[3] Chlorophyllspektrum unterscheiden sind folgende:[4]

Band I ist im Chlorophyllanspektrum etwas schmäler als in
normalen Chlorophylllösungen und etwas gegen Rot gerückt. Band II
ist entschieden dunkler, als bei normalem Chlorophyll, schärfer gegen
Band I abgegrenzt und etwas gegen das stärker brechbare Ende
des Spektrums gerückt — Band II liegt bei normalem Chlorophyll
mehr gegen Rot, etwa von $\lambda = 620$ bis $\lambda = 600$. Das Band ist
stets dunkel, nicht nur bei reinen Chlorophyllanlösungen, sondern
auch bei allen Lösungen sog. modifizierter Chlorophylle. Band III
hat im Vergleich mit dem korrespondierenden Band des unveränder-
ten Chlorophylls an Intensität abgenommen.

Band IVa hat an Dunkelheit und Breite sehr zugenommen und
ist stark nach Rot verschoben. Band IVb ist bei dem Chlorophyllan
neu hinzugetreten. Die Endabsorption ist kontinuierlich, auch bei
Sonnenlicht sind Bänder nicht zu unterscheiden. Für das Studium
des Chlorophyllanspektrums wird besonders die Benzinlösung em-
pfohlen.

Was schließlich das Fluorescenzlicht der Chlorophyllanlösungen
anbetrifft, so ist zu erwähnen, daſs Tschirch, die Methode von
Hagenbach[5] befolgend, konstatierte, daſs dieselben fast reines Rot
emitieren. Das Spektrum des Fluorescenzlichtes beschränkt sich auf

---

[1] Man vgl. diese Werte mit den für Phyllocyaniu in ätherischer Lösung
gegebenen.

[2] *Pogg. Ann.* 141.

[3] Unter „normal" wird hier die Lösung des Tschirchschen Reinchloro-
phylls verstanden, ein Umstand, der den Vergleich weniger wertvoll macht.

[4] Tschirch, l. c. S. 52.   [5] l. c.

einen Streifen im Rot, der zwischen $\lambda = 640$ und $\lambda = 680$ liegt. (Bei Chlorophyll zwischen $\lambda = 620 = 680$.) Das Studium des spektroskopischen Verhaltens des Chlorophyllans sollte die Natur der sog. modifizierten Chlorophylle und Säurechlorophylle aufgekläre. Die Lösungen derselben zeigen fast dasselbe Spektrum wie Chlorophyllanlösungen, und wäre demnach die Annahme berechtigt, dafs die modifizierten resp. Säurechlorophylle durch particlle, bezw. vollständige Chlorophyllanbildung in den Chlorophyllanlösungen entstehen.[1]

Die Untersuchungen TSCHIRCHS haben diese Frage sehr gefördert und ist es auch das Verdienst dieses Forschers, nachgewiesen zu haben, dafs PRINGSHEIMS[2] Hypochlorin höchstwahrscheinlich ebenfalls mit Chlorophyllan identisch ist. Derselbe Forscher hat auch zur Genüge dargethan, dafs GAUTIERS und ROGALSKIS Reinchlorophylle nichts anderes sind als Chlorophyllan.

Bildung des Chlorophyllans.

Die Thatsache, dafs Chlorophyllanbildung durch Anwesenheit von Säuren befördert wird, dafs Chlorophylllösungen, welche aus viel säurehaltigem Material hergestellt wurden, sich viel schneller „modifizieren" als solche aus säurearmem Material hergestellten, spricht dafür, dafs die Anwesenheit von Säuren eine Bedingung der Chlorophyllanbildung ist, und dafs dieselbe die Folge eines Hydrolysierungsprozesses ist.

TSCHIRCH glaubte zu der Annahme berechtigt zu sein, dafs Chlorophyllan durch einen Oxydationsvorgang entsteht. Die Thatsache auf welche sich TSCHIRCH bei der Aufstellung obiger Behauptung stützte ist folgende: Kocht man eine alkoholische Lösung von Chlorophyllan kurze Zeit mit Zinkstaub, so geht die Farbe vom tiefen Dunkelbraun — der Farbe konzentrierter Chlorophyllanlösungen — in das prächtigste Smaragdgrün über. Das Spektrum so bereiteter Lösungen besitzt die Chlorophyllstreifen in ihrer bekannten Lage, Breite und relativen Intensität, und wurde demzufolge

---

[1] Obiger Schlufs ist selbstverständlich nur dann haltbar, wenn es bewiesen werden kann, dafs Chlorophyllan eine einheitliche Substanz ist. Nach den Untersuchungen von RUSSELL und LAPRAIK, wie auch SCHUNCK und MARCHLEWKI erscheint es wahrscheinlicher, dafs die durch Säuren verursachte „Modifizierung" des Chlorophylls auf succesive Bildung von Phylloxanthin und Phyllocyanin zurückzuführen ist.

[2] *Untersuchungen über Lichtwirkung und Chlorophyllfunktion in der Pflanze.* Leipzig 1881.

Tschirch zu dem Trugschlusse verleitet, sie enthielten thatsächlich
regeneriertes Chlorophyll. Nachdem es aber wahrscheinlich gemacht
wurde, dafs man hier vielmehr mit einem Phyllocyanindoppelsalz zu
thun hat, kann nunmehr der erwähnte Versuch nicht als Beweis für
die obige Behauptung Tschirchs angeführt werden. Erwähnt sei
jedoch, dafs nach Askenasy[1] oxydierende Agentien wie Kaliumper-
manganat zu einer alkoholischen Lösung des Chlorophylls zugesetzt
ebenfalls das Zustandekommen von „modifiziertem" Chlorophyll verursachen.

Spaltungsprodukte des Chlorophyllans.

Neben der Glycerinphosphorsäure und dem Cholin wurden von
Hoppe-Seyler noch zwei andere Spaltungsprodukte des Chlorophyllans beobachtet, die hier Erwähnung finden müssen.

Chlorophyllansäure. Wird, wie oben angegeben, Chlorophyllan mit alkoholischem Kali gekocht, die Lösung mit Kohlensäure
behandelt, so fällt neben Kaliumbikarbonat, chlorophyllansaures
Kalium und glycerinphosphorsaures Kalium. Der Niederschlag, in
Wasser gelöst und dann mit Baryumacetat behandelt, liefert eine
Fällung von chlorophyllansaurem Baryum. Aus dieser Verbindung
kann durch Säurezusatz die Chlorophyllansäure in Freiheit gesetzt
und mit Äther entzogen werden. Beim Verdunsten der ätherischen
Lösung scheidet sich die neue Verbindung zuweilen in makroskopi-
schen oder mit der Lupe gut erkennbaren, undurchsichtigen, blau-
schwarzen, metallisch glänzenden, rhomboëdrischen Krystallen aus.
Das Kaliumsalz der Säure ist schwer löslich in Alkohol. Die Chlorophyllansäure ist stickstoffhaltig. Die Lösungen ihrer Alkalisalze
haben olivengrüne Farbe, schwache, rote Fluorescenz, zeigen im
Spektrum den bekannten Chlorophyllabsorptionsstreifen zwischen B
und C und einen weniger dunkeln zweiten zwischen E und F. Die
ätherische Lösung der Säure zeigt auch diese beiden Streifen im
Rot und Grün, zwischen beiden aber noch drei verschieden dunkle,
schmälere Streifen.

Dichromatinsäure. Diese Substanz ist ein weiteres Derivat
des Chlorophyllans, welche ihre Bildung tiefer eingreifenden Agentien
verdankt. Der Weg, auf welchem Hoppe-Seyler diese Säure entdeckte, war folgender: Gewogene Mengen Chlorophyllans in Äther
gelöst werden in eine tubulierte Retorte gebracht, der Äther abdestilliert, der Rückstand mit reinem Alkohol übergossen, kon-

[1] Bot. Zeitschr. (1875) 475.

zentrierte alkoholische Kalilösung im Überschusse hinzugefügt, die Mischung einige Zeit im Wasserbade erhitzt, und dann der Alkohol möglichst vollständig abdestilliert. Die sirupartige stark alkalihaltige Chlorophyllansäurelösung wurde noch heifs in der Retorte mit der gleichen Menge Wassers versetzt und im Ölbade, bei eingesetztem Thermometer langsam erhitzt. Die hierbei überdestillierenden Dämpfe werden in Salzsäure aufgefangen. Bei ungefähr 170° beginnt feinblasiges Aufschäumen, welches über 200° nachläfst. Die Temperatur wurde dann schliefslich bis 260° oder selbst 290° gesteigert.

Die salzsaure Lösung der Vorlage gab mit Platinchlorid eine Fällung, woraus geschlossen werden mufs, dafs bei obiger Behandlung des Chlorophyllans eine Stickstoffbase von niedrigem Molekulargewicht, oder Ammoniak selbst abgespalten wird.

Der beim Erkalten erstarrende Rückstand in der Retorte wird mit Wasser behandelt. Es bildet sich eine trübe, purpurrote Flüssigkeit, aus welcher Äther beim Schütteln einen Körper aufnimmt, der neutral reagiert, und beim Verdunsten des Äthers als bräunlicher, schwer und unvollständig krystallisierender Sirup zurückbleibt. 3.15 g Chlorophyllan gaben 0.301 g dieser Substanz. Dieser Körper wurde bis jetzt nicht näher untersucht. Wird die stark alkoholische mit Äther ausgeschüttelte Flüssigkeit mit Schwefelsäure oder Salzsäure angesäuert und wiederum mit Äther geschüttelt, so nimmt derselbe reichliche Mengen eines purpurroten Farbstoffes auf, während die wässerige Flüssigkeit einen anderen, bläulich purpurroten nicht an den Äther abgiebt und eine geringe Menge einer schwärzlichen, harzigen Masse in beiden Flüssigkeiten ungelöst bleibt. Der bläulich gefärbte Farbstoff ist bereits ein Zersetzungsprodukt des purpurroten. Die Menge des letzteren beträgt ca. 62% des angewandten Chlorophyllans.

Aus der ätherischen Lösung gewinnt man durch Verdampfen die Dichromatinsäure, verunreinigt durch ihr Spaltungsprodukt. Kocht man die Säure mit Alkohol und Natriumkarbonatlösung zur Trockene ein, und extrahiert den Rückstand mit absolutem Alkohol im Sieden, so bekommt man eine purpurrote, stark fluoreszierende Lösung, bei deren Verdunstung ein purpurroter, in Wasser leicht löslicher Körper erhalten wird. Das in Wasser gelöste Natriumsalz wird durch Chlorbaryumzusatz von überschüssigem Natriumkarbonat befreit, die filtrierte Flüssigkeit dann mit Chlorbaryum bis zur vollständigen Ausfällung versetzt, der amorphe, rote Niederschlag abfiltriert und mit Wasser ausgewaschen, bis das Filtrat frei von Chlor ist. Dieses

Baryumsalz ist unlöslich in Wasser, wenig in Äther, noch weniger in Alkohol. Im trockenen Zustande stellt es ein hellpurpurrotes Pulver dar. Die Säure enthält keinen Stickstoff. Die Analysen des Baryumsalzes führen zu der Formel:

$$(C_{20}H_{33}O_3)_2Ba.$$

Der freien Dichromatinsäure entspricht demnach die Formel:

$$C_{20}H_{34}O_3.$$

Sehr charakteristisch ist das spektroskopische Verhalten der Dichromatinsäure. Ihr Absorptionsspektrum enthält sechs Absorptions-bänder, deren Lage durch die folgenden von Tschirch [1] aus Hoppe-Seylers Originalangaben berechneten Werte charakterisiert wird:

Band I : $\lambda = 638$ bis $\lambda = 628$.
„   II : $\lambda = 623$ „ $\lambda = 618$.
„   III : $\lambda = 585$ „ $\lambda = 558$.
„   IV : $\lambda = 550$ „ $\lambda = 533$.
„   V : $\lambda = 528$ „ $\lambda = 520$.
„   VI : $\lambda = 483$ „ $\lambda = 513$.

Die Untersuchung des Fluorescenzlichtes führte zu dem Resultat, dafs dasselbe aus zwei ungefähr gleich breiten, durch einen schmalen, völlig dunkeln Zwischenraum getrennten, roten Lichtbändern besteht. Der Vergleich der Lage derselben mit der der Absorptions-bänder ergab das wichtige Resultat, dafs die Lage des Absorptions-bandes I fast genau dem Lichtband I und Absorptionsband II ebenso dem Lichtband II entspricht, dafs jedoch die Lichtbänder gegen den Anfang des Spektrums hin ein wenig verbreitet sind, so dafs der dunkele Zwischenstreif etwas nach dem Anfange des Rot ver-schoben ist. Ähnliche Verhältnisse zwischen Absorptionsbändern und Lichtbändern des Fluorescenzlichtes resp. Absorptionsspektrums findet man auch beim Chlorophyll selbst.

Schliefslich hat Hoppe-Seyler noch einige Angaben über Zer-setzungsprodukte der Dichromatinsäure gemacht, die hier kurz er-wähnt sein mögen.

Die ätherische Lösung der Dichromatinsäure zersetzt sich wie bereits oben erwähnt teilweise beim Verdunsten. Es scheidet sich ein violett schwarzer Körper ab, der schwer löslich in Äther ist. Die Substanz löst sich in Sodalösung, und aus dem Trockenrückstand dieser Lösung entzieht Alkohol eine rotfluorescierende Natrium-verbindung. Das Absorptionsspektrum derselben in Alkoholäther

_____

[1] *Untersuchungen etc.* S. 84.

unterscheidet sich wenig von dem der Dichromatinsäure, nur die beiden ersten Bänder sind zusammengeschmolzen und mehr nach II hingerückt.

Ein anderes Spaltungsprodukt der Dichromatinsäure entsteht, wenn man zur wässerigen Lösung der Alkaliverbindungen der Dichromatinsäure überschüssige Säure hinzusetzt. Es entsteht auch, wenn man dichromatinsaures Baryum mit Äther und verdünnter Salzsäure schüttelt. Hierbei geht die neue Verbindung in die Salzsäure über, wobei letztere bläulich purpurn gefärbt wird. Durch vorsichtige Neutralisation der Lösung mit Barytwasser erhält man den Körper als bräunlichen, flockigen Niederschlag, der zu einer dunkelbraunen, fast schwarzen Masse mit etwas violettem Metallglanz eintrocknet. Der Körper wurde mit dem Namen Phylloporphyrin belegt.[1] Die saure Lösung des Farbstoffes zeigt zwei Absorptionsbänder. Aus den Hoppe-Seylerschen Werten lassen sich folgende Wellenlängen berechnen:

$$\text{Band } I : \lambda = 613 \text{ bis } \lambda = 602.$$
$$\text{„ } II : \lambda = 575 \text{ „ } \lambda = 537.$$

Mit dem Phylloporphyrin beschliefsen wir die bis jetzt bekannten Derivate des Chlorophyllans, und es erscheint zweckmäfsig den Abbau dieses Körpers zum Schlufs dieses Kapitels schematisch darzustellen.

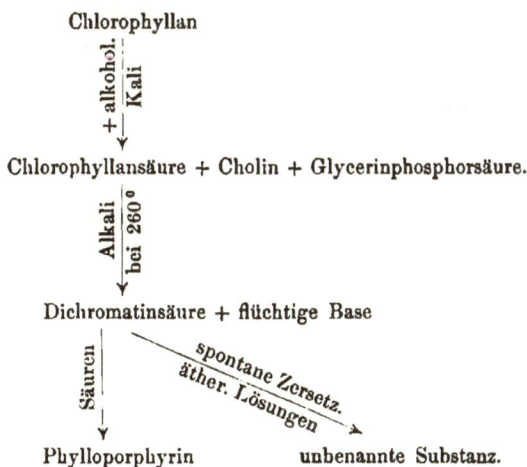

Chlorophyllan

+ alkohol. Kali

Chlorophyllansäure + Cholin + Glycerinphosphorsäure.

Alkali bei 260°

Dichromatinsäure + flüchtige Base

Säuren

spontane Zersetz. äther. Lösungen

Phylloporphyrin   unbenannte Substanz.

---

[1] Eine Kritik der Angaben über Dichromatinsäure und ihre Spaltungsprodukte befindet sich im Abschnitte über Phylloporphyrin.

Phylloxanthin.

Uber die Produkte der Einwirkung von Säuren auf alkoholische Chlorophylllösungen besitzen wir eine überaus ausgiebige Litteratur. Wie FRÉMY beobachtete, treten hierbei zwei Stoffe auf, von denen der eine, gelbbraune, mit dem Namen Phylloxanthin, der andere, blaugrüne, mit dem Namen Phyllocyanin belegt wurde. Die nähere Kenntnis dieser Körper verdanken wir den grundlegenden Untersuchungen SCHUNCKS.[1] Die Darstellung derselben geschieht am besten auf folgende Art. Es wird ein möglichst konzentrierter alkoholischer Blätterextrakt hergestellt, indem man Grasblätter mit Alkohol längere Zeit kocht und die erhaltene Lösung zur Extraktion einer neuen Graspartie benutzt. Diese Lösung wird für einen oder zwei Tage stehen gelassen, nach welcher Zeit sich eine gewisse Menge dunkelgefärbter Substanzen absetzt, die abfiltriert wird. In das Filtrat leitet man einen Strom von Chlorwasserstoff. Es bildet sich sofort eine dunkelgrüne, fast schwarze Fällung, deren Menge mit der Zeit zunimmt. Der Niederschlag wird abfiltriert und so lange mit Alkohol gewaschen, bis die ablaufende Flüssigkeit fast farblos erscheint. Die Fällung enthält ein Gemisch von Phylloxanthin und Phyllocyanin, aufserdem eine nicht unbeträchtliche Menge verunreinigender Substanzen, wie Wachs, Fette etc. Behufs Trennung des Phylloxanthins vom Phyllocyanin löst man die ganze Masse in Äther und schüttelt die ätherische Lösung mit konz. Salzsäure durch. Nach einigem Stehen bilden sich zwei Flüssigkeitsschichten, von denen die obere, ätherische, gelbgrün gefärbt ist und Phylloxanthin neben Pflanzenfetten enthält, während die untere, dunkelblaue, Phyllocyanin enthält. Die Flüssigkeiten werden von einander auf bekannte Art getrennt und die ätherische mit neuen Quantitäten Salzsäure geschüttelt, bis endlich letztere nach wiederholtem Erneuern nicht mehr blaugrün gefärbt wird.

Die ätherischen Lösungen werden nun in flachen Schalen langsam verdunstet. Man erhält hierbei dunkelbraune Kuchen in saurer Flüssigkeit eingebettet. Dieselben werden auf einem Filter gesammelt, mit Wasser gewaschen und in gelinder Wärme getrocknet. Das trockene Produkt wird sodann in einer kleinen Menge Chloroform gelöst und die entstandene Lösung mit dem mehrfachen Volum

[1] *Proc. Roy. Soc.* **50**, 306.

Alkohol versetzt. Nach einigem Stehen der Lösung scheidet sich
der gröfste Teil des Phylloxanthins ab, während ein Teil der dasselbe verunreinigenden Fette in Lösung bleibt. Der Absatz wird
abfiltriert, mit Alkohol gewaschen, getrocknet und in siedendem
Eisessig gelöst. Diese Lösung scheidet nach dem Erkalten ebenfalls den gröfsten Teil des gelösten Phylloxanthius ab; man sammelt
den Niederschlag und behandelt ihn in gleicher Weise zum zweiten
Mal mit siedendem Eisessig. Die jetzt gewonnene Abscheidung
wird getrocknet und in siedendem Äther gelöst. Die ätherische Lösung wird in Bechergläsern langsam verdunstet und die sich zuerst
abscheidende Masse wird gesondert gesammelt und noch mehreren
Reinigungen aus Äther unterworfen. Die so erhaltene Substanz
scheint immer noch Fette zu enthalten, insofern, als eine Probe
desselben mit verd. Salpetersäure erhitzt, einen kleinen, fettartigen,
auf der Oberfläche der Säure schwimmenden Rückstand hinterläfst.

Eigenschaften des Phylloxanthins.[1]

Das nach obiger Methode dargestellte Phylloxanthin stellt eine
dunkelgrüne, beinahe schwarze Masse dar. Phylloxanthin ist amorph;
manchmal scheiden sich zwar bei langsamem Verdunsten seiner
ätherischen Lösungen zu Rosetten vereinigte krystallinische Fäden
ab, die aber unter dem Mikroskop keine scharfen Kanten aufweisen.

Phylloxanthin löst sich in siedendem Alkohol; beim Erkalten
der Lösung scheidet sich jedoch der gröfste Teil in Form einer
amorphen Masse aus.

Es löst sich leichter in Äther, Schwefelkohlenstoff, Benzol und
Anilin. Am leichtesten löst es sich in Chloroform.

Die Lösungen sind braungrün und fluoreszieren rot.

Phylloxanthin kann bis auf 130° erhitzt werden ohne an Gewicht abzunehmen und sich zu verändern, bei 160° fängt es an
sich zu zersetzen und die Zersetzung ist im vollen Gange bei 180°.
Hierbei entsteht eine schwarze Masse, die unlöslich in Chloroform
ist. Phylloxanthin konnte bis jetzt nicht aschenfrei erhalten werden.[2]

Spektroskopisches Verhalten des Phylloxanthins.

Die ätherische Lösung zeigt fünf Bänder; nach TSCHIRCHS[3]
Messungen entspricht die Lage derselben folgenden Wellenlängen:

[1] SCHUNCK, l. c.
[2] Die Asche ist möglicherweise ein konstituierender Bestandteil.
[3] Untersuchungen etc. S. 74.

Band I zwischen $\lambda = 670$ bis $\lambda = 635$

„ II „ $\lambda = 610$ „ $\lambda = 590$

„ III „ $\lambda = 570$ „ $\lambda = 555$

„ IV „ $\lambda = 548$ „ $\lambda = 530$;

letzteres Band ist durch einen Schatten mit der bei $\lambda = 515$ beginnenden Enabsorption verbunden.

Nach SCHUNCK und MARCHLEWSKI:

Band I zwischen $\lambda = 685$ bis $\lambda = 640$

„ II „ $\lambda = 614$ „ $\lambda = 590$

„ III „ $\lambda = 569$ „ $\lambda = 553$

„ IV „ $\lambda = 542$ „ $\lambda = 513$.

Die Helligkeitsskala der Bänder ist, vom dunkelsten beginnend, I, IV, II, III.

Derivate und Spaltungsprodukte des Phylloxanthins.[1]

Versetzt man eine essigsaure Lösung des Phylloxanthins mit Kupferacetat, so wird die Lösung dunkelgrün. Nach dem Abkühlen und einigem Stehen bildet sich ein dunkelgefärbter Absatz. Dieser wird abfiltriert, mit verd. Salzsäure gewaschen und wiederum in siedendem Eisessig gelöst. Aus der Lösung scheidet sich die Kupferacetatdoppelverbindung in Form von kleinen Schuppen ab, welche im reflektierten Licht purpurn und glänzend, im durchfallenden mattgrün erscheinen. Diese Verbindung ähnelt sehr der entsprechenden Phyllocyaninverbindung. Die Lösung zeigt dasselbe Spektrum wie die letztere, ist aber mehr grün gefärbt.

Zinkacetat giebt unter den oben erwähnten Verhältnissen keine Doppelverbindung mit Phylloxanthin, und hierin unterscheidet sich letzteres markant von dem später zu beschreibenden Phyllocyanin. Bleiacetat ist ohne Einwirkung auf Phylloxanthin.

Setzt man zu einer Lösung von reinem Phylloxanthin in Eisessig Salpetersäure, so wird die Farbe derselben tiefgelb. Wasserzusatz erzeugt eine braune flockige Fällung; diese abfiltriert und in Alkohol gelöst, giebt eine gelbe Lösung, die ein bestimmtes Absorptionsspektrum zeigt. Bei Anwendung von konz. Salpetersäure wird Phylloxanthin hauptsächlich zu Oxalsäure verbrannt. — Chromsäure wirkt ähnlich wie verd. Salpetersäure. Brom zu einer Chloroformlösung des Phylloxanthin zugesetzt, erzeugt eine schöne grüne Farbe; die Lösung zeigt ein wie vom Chlorophyll, so auch vom Phylloxanthin abweichendes Spektrum.

---

[1] SCHUNCK, l. c.

Phylloxanthin löst sich leicht in alkoholischem Alkali, besonders beim Erwärmen. Die Lösung ist zuerst rot, wird aber beim
Kochen grün. Nach dem Erkalten erhält man einen dunkel gefärbten
Absatz, der in Wasser löslich ist. Versetzt man seine wässerige
Lösung mit einer Säure, so erhält man eine grünbraune Fällung,
welche, wenn sie, nach dem Trocknen, in siedendem Eisessig gelöst
wird, aus diesem Lösungsmittel als dunkelblaue, unter dem Mikroskop krystallisiert erscheidende Substanz abgeschieden wird. Es ist
sehr wahrscheinlich, dafs die erhaltene Substanz mit dem aus Phyllocyanin auf ähnlichem Wege dargestellten Derivat identisch ist.

Phyllocyanin.

Die salzsaure Lösung des Phyllocyanins, wie sie neben der
ätherischen des Phylloxanthins (s. d.) gewonnen wird, wird behufs
Abscheidung des gelösten Phyllocyanins mit dem mehrfachen Volum
Wassers versetzt.

Die gebildeten dunkelblauen Flocken werden abfiltriert und
tüchtig mit Wasser gewaschen. Nach dem Trocknen krystallisiert
man das Phyllocyanin einigemal aus siedendem Eisessig um.[1]

Eigenschaften des Phyllocyanins.

Phyllocyanin stellt im trockenen Zustande eine dunkelblaue
Masse dar, die sich mit Leichtigkeit zu einem feinen Pulver ver-
reiben läfst.

Unter dem Mikroskop betrachtet erscheint es krystallinisch,
und zwar als rhomboidale oder sechsseitig begrenzte Blättchen.

Phyllocyanin ist unlöslich in Wasser, hingegen leicht löslich in
Äther, Eisessig, Benzol, Schwefelkohlenstoff und besonders leicht in
Chloroform. In kaltem Alkohol ist es ziemlich schwer löslich, in
siedendem leichter und scheidet sich beim Erkalten als voluminöse
Masse aus, welche aus mikroskopischen Krystallen besteht.

Phyllocyanin hat keinen Schmelzpunkt. Beim vorsichtigen
Sublimieren liefert es ein zum Teil krystallinisches Sublimat. Beim
Erhitzen bis auf 160° zersetzt sich Phyllocyanin nicht. Bei 180°
findet jedoch totale Zersetzung statt. Beim trockenen Destillieren
entwickeln sich empyreumatisch riechende Dämpfe (der Geruch er-
innert etwas an Cyanwasserstoff).

---

[1] SCHUNCK, Proc. Roy. Soc. 39, 348.   [2] Ebenda, 350.

Zusammensetzung des Phyllocyanins.

Das Phyllocyanin wurde bereits mehreremal analysiert. Die erhaltenen Werte weichen jedoch von einander ziemlich beträchtlich ab, und kann demnach die Zusammensetzung dieses wichtigen Spaltungsproduktes nicht als sicher ermittelt betrachtet werden.

Morot,[1] der übrigens seinen Körper für Reinchlorophyll hält, fand:

$$C = 69.23 \, ^0/_0$$
$$H = 6.40 \, „$$
$$N = 8.97 \, „$$

Wollheim[2] giebt der von ihm untersuchten Substanz die Formel $C_{26}H_4.N_3O_6$, welche erfordert:

$$C = 64.49 \, ^0/_0$$
$$H = 9.02 \, „$$
$$N = 8.08 \, „$$

Tschirch[3] endlich giebt für seine Phyllocyaninsäure die folgende Zusammensetzung an:

$$C = 69.90 - 69.82$$
$$H = 6.68 - 6.87$$
$$N = 7.73 - 7.36.$$

Spektroskopisches Verhalten des Phyllocyanins.

Die grün gefärbte, rot fluorescirende, ätherische Lösung des Phyllocyanin zeigt ein Absorptionsspektrum mit fünf Bändern. Das Band im Rot, sowie auch die Bänder bei E und vor F sind sehr dunkel, das dritte, mittlere Band ist sehr schwach, und nur in konzentrierteren Lösungen sichtbar.[4] Die blaugrüne Lösung in konzentrierter Salzsäure zeigt ein abweichendes Spektrum. Band I im Rot wird breiter, Band III mehr nach dem Rot zu verschoben, während Band IV und V bedeutend an Intensität abnehmen.

Die Lage der Bänder einer ätherischen Lösung charakterisiert sich durch die folgenden Wellenlängen:

$$\text{Band I von } \lambda = 695 \text{ bis } \lambda = 642$$
$$„ \quad II \quad „ \quad \lambda = 620 \quad „ \quad \lambda = 600$$
$$„ \quad III \quad „ \quad \lambda = 572 \quad „ \quad \lambda = 559$$
$$„ \quad IV \quad „ \quad \lambda = 542 \quad „ \quad \lambda = 525$$
$$„ \quad V \quad „ \quad \lambda = 515 \quad „ \quad \lambda = 487.$$

Tschirch,[5] der im Phyllocyaninspektrum nur vier Streifen angiebt, entwirft für die Bänder der salzsauren Lösung folgende Tabelle:

$$\text{Band I von } \lambda = 680 \text{ bis } \lambda = 640$$
$$„ \quad II \quad „ \quad \lambda = 620 \quad „ \quad \lambda = 600$$

[1] Jahrb. d. Chemie (1859), 462.   [2] Ann. d. Agronomie 14, 141.
[3] Das Kupfer etc. Stuttgart, Enke, 1893.
[4] Proc. Roy. Soc. 42, Tafel.   [5] Untersuchungen etc., S. 68.

Band III „ $\lambda = 590$ „ $\lambda = 565$

„ IV „ $\lambda = 550$ „ $\lambda = 520$.

TSCHIRCH bemerkt übrigens, dafs man bisweilen auch noch einen Schatten (IVb) um $\lambda = 500$ zu sehen bekommt.[1]

Beim Versetzen der salzsauren Lösung des Phyllocyanins mit Alkohol wird das Spektrum, wie TSCHIRCH bemerkte, verändert. Dieser Forscher schliefst daraus, dafs der Alkoholzusatz die Entstehung eines neuen Körpers verursacht, und unterscheidet demnach α-Phyllocyanin, hergestellt ohne Alkoholzusatz, und β-Phyllocyanin mittelst Alkoholzusatz. Die wirkliche Sachlage ist jedoch die, dafs Phyllocyanin mit der Salzsäure sich chemisch zu einer, bereits durch Wasser und zum Teil durch Alkohol zersetzbaren, salzartigen Verbindung vereinigt, welche ein abweichenderes Spektrum als die freie, in ätherischer oder alkoholischer Lösung untersuchte Base, besitzt.

Spaltungsprodukte und Derivate des Phyllocyanins.[2]

Salpetersäure greift das Phyllocyanin, je nach der Konzentration mehr oder weniger stark an. Es entstehen hierbei gelbe Lösungen, deren Inhalt jedoch bis jetzt nicht genauer untersucht wurde.

Chlor und Brom verwandeln das Phyllocyanin in in Lösungen grasgrün erscheinende Körper; bei längerer Einwirkung der Halogene erhält man gelbe Lösungen, aus welchen SCHUNCK[2] bereits die Reaktionsprodukte isolierte und ihre Eigenschaften angab. Über die Natur dieser Körper ist man jedoch noch im Unklaren.

Besonders wichtige und interessante Resultate wurden von SCHUNCK bei der Einwirkung von Alkalien und Säuren auf Phyllocyanin erhalten.

Ein Gemisch von konz. Salzsäure und absol. Alkohol (1 : 9) löst das Phyllocyanin mit Leichtigkeit. Die Lösung erscheint am Tageslicht dunkel blaugrün und purpurn im künstlichen Licht. Aus dieser Lösung wird durch Wasserzusatz unverändertes Phyllocyanin gefällt. Dampft man jedoch die saure Lösung zur Trockne, so erhält man eine dunkelblaugrüne Masse, die nunmehr nicht mit Phyllocyanin identisch ist. Sie löst sich in Alkohol mit braungrüner Farbe, und zeigt dasselbe Absorptionsspektrum, wie das unten zu erwähnende

---

[1] Aus der SCHUNCKschen Zeichnung berechnen sich folgende Wellenlängen:

Band I von $\lambda = 705$ bis $\lambda = 638$

„ II „ $\lambda = 626$ „ $\lambda = 605$

„ III „ $\lambda = 590$ „ $\lambda = 508$

„ IV „ $\lambda = 545$ „ $\lambda = 520$

„ V „ $\lambda = 505$ „ $\lambda = 487$.

[2] SCHUNCK, Proc. Roy. Soc. 39.

Alkalispaltungsprodukt des Phyllocyanins. Konz. Schwefelsäure löst Phyllocyanin mit grasgrüner Farbe; die erhaltene Lösung zeigt dasselbe Spektrum wie die salzsaure Lösung. Giefst man die frische Lösung in Wasser, so wird unverändertes Phyllocyanin ausgefällt. Bei längerer Einwirkung der konz. Schwefelsäure wird jedoch ebenfalls eine Umwandlung des Phyllocyanin vollzogen, wobei derselbe Körper erhalten wird, wie beim Verdampfen der alkoholisch-salzsauren Lösung. Phyllocyanin vereinigt sich bei gewöhnlicher Temperatur nicht mit Oxalsäure, Weinsäure oder Citronensäure. Eine Einwirkung dieser Säuren wird erst bei höheren Temperaturen beobachtet, im Falle der Oxalsäure bei 130°; die beiden anderen Säuren greifen es bei 155° an. Phyllocyanin wird hierbei zerstört und liefert keine salzartigen Verbindungen. Phyllocyanin löst sich in verdünnten Lösungen der Alkalien. Die Lösungen sind grün gefärbt und zeigen dasselbe Spektrum wie sonstige Lösungen des Phyllocyanins, nur sind die Bänder weniger scharf begrenzt. Die alkalische Lösung giebt grüne Niederschläge mit Salzen alkalischer Erden und schwerer Metalle, wie mit Chlorbaryum und Chlorcalcium, Bleiacetat und Kupferacetat.

Bei längerer Einwirkung der Alkalien wird jedoch Phyllocyanin sichtlich angegriffen. Versetzt man nämlich die Lösung mit einem Überschufs von Essigsäure und nimmt die abgeschiedenen Flocken in Äther auf, so bekommt man eine saure ätherische Lösung, welche anfangs dieselbe Farbe und auch dasselbe Spektrum wie die Phyllocyaninlösungen zeigt; läfst man jedoch diese ätherische, essigsäurehaltige Lösung einige Zeit lang stehen, so wird die Farbe braun, und das Spektrum besteht nun aus sechs Bändern, von denen die beiden ersten im Rot durch Spaltung des Bandes I des Phyllocyaninspektrums und die beiden im Grün aus dem Band IV desselben entstanden zu sein scheinen. Band III des Phyllocyaninspektrums ist verschwunden. Bei noch längerem Stehen wird eine weitere Änderung des Spektrums insofern bemerkt, als das eine der Bänder im Grün dunkler, das andere heller wird. Die hier erwähnten Körper sind in dem Kapitel über Phyllotaonin und seine Derivate eingehend besprochen.

Ammoniak unter Druck bei 140° erzeugt aus dem Phyllocyanin dieselben Körper wie fixe Alkalien.[1]

Interessante Produkte wurden bei der Einwirkung von Anilin auf Phyllocyanin erhalten. Erhitzt man Phyllocyanin mit Anilin im

[1] Schunck, l. c.

zugeschmolzenen Rohr auf 130° und giefst das Reaktionsprodukt in
Alkohol, so bleibt ein krystallinischer, in Alkohol unlöslicher Körper
zurück. Filtriert man diesen ab, so erhält man ein grünbraunes
Filtrat, welches dieselben Absorptionsstreifen im Spektrum hervor-
bringt wie das Einwirkungsprodukt der Alkalien auf Phyllocyanin.
Die auf dem Filter zurückbleibende Masse löst sich teilweise in
gröfseren Quantitäten siedenden Alkohols, und scheidet sich hieraus
nach dem Abkühlen in zu Sternen vereinigten Nädelchen aus, welche
leicht in Chloroform und Äther, aber unlöslich in verd. Säuren und
Alkohol sind. Die in Alkohol unlösliche Krystallmasse löst sich
in Chloroform. Die Lösung ist rot und zeigt ein sehr charakteri-
stisches Spektrum, welches aus drei sehr schmalen Bändern im Rot
und einem breiten, das Gelb und einen Teil des Grün absorbieren-
den Band besteht. Ist die Lösung sehr verdünnt, so dafs im Rot
nur zwei Bänder erscheinen, so spaltet sich das Band im Gelb in
zwei fast gleich breite Bänder.

Die oben besprochenen Eigenschaften des Phyllocyanins deuten
bereits darauf hin, dafs es eine schwache Base ist. Die salzartigen
Verbindungen sind jedoch sehr labil und werden bereits durch
Wasser in ihre Komponenten dissoziiert. Auch in anderer Beziehung
verhält es sich wie eine organische Base; es bildet beispielsweise
wohl charakterisierte Doppelverbindungen mit Salzen organischer
Säuren und schwerer Metalle, verhält sich also den Alkaloiden beispielsweise sehr ähnlich. Die erwähnten Doppelverbindungen sind
sehr charakteristisch und gehören zu den best deffinierten Derivaten
des Chlorophylls. Auch ihre Entdeckung und nähere Beschreibung
verdanken wir E. SCHUNCK. Man erhält sie, indem man siedende
Lösungen des Phyllocyanins mit einem Salz der schweren Metalle
(ausgenommen Blei) versetzt. Zur Darstellung der entsprechenden
Acetate hat sich am besten der folgende Weg bewährt. Man löst
Phyllocyanin in siedendem Eisessig und setzt zu der Lösung das
metallische Oxyd oder das Acetat hinzu. Beim Abkühlen der Lösung scheidet sich dann die Doppelverbindung krystallinisch ab.

Bei Anwendung von anderen Säuren, wie Palmitinsäure, Stea-
rinsäure, Oleinsäure, Weinsäure, Citronensäure, Mallonsäure oder
Phosphorsäure, löst man das Phyllocyanin in siedendem Alkohol,
versetzt die Lösung mit einem Überschufs der betreffenden Säure und
mit einer hinreichenden Menge des frisch bereiteten Oxyds und hält
die Lösung für einige Stunden im Sieden. Man filtriert und fällt
die Doppelverbindungen mit Wasser.

Nach diesen Methoden erhielt Schunck folgende Doppelverbindungen:

Phyllocyaninkupferacetat	Phyllocyaninzinkstearat
„ „ palmitat	„ „ oleat
„ „ stearat	„ „ citrat
„ „ oleat	„ eisenacetat
„ „ tartrat	„ „ palmitat
„ „ citrat	„ „ oleat
„ „ phosphat	„ „ citrat
„ silberacetat	„ „ malat
„ zinkacetat	„ „ phosphat
„ „ palmitat	„ manganacetat.

Die Anzahl dieser Art von Verbindungen kann gewifs noch vergröfsert werden. Hervorzuheben ist jedoch, dafs in manchen Fällen keine Doppelsalzbildung eintritt. So im Falle von Kupferoxyd und Oxalsäure, Zinkoxyd und Oxalsäure, Zinkoxyd und Weinsäure. Ebenso konnte keine Vereinigung des Phyllocyanin mit Platinchlorid bewerkstelligt werden.

Die oben angeführten Verbindungen haben viele Eigenschaften gemein, unterscheiden sich jedoch auch in mancher Beziehung. Sie lösen sich alle mehr oder weniger in Alkohol, Äther, Chloroform, Benzol und Schwefelkohlenstoff. In Wasser sind sie, mit Ausnahme der Manganacetatdoppelverbindung, unlöslich. Die Lösungen besitzen eine grüne Farbe und werden von Schwefelwasserstoff nicht zersetzt. Das Metall wird nicht ausgefällt. In Alkalien lösen sie sich ziemlich leicht, und werden unverändert durch Säuren abgeschieden. Diese Permanenz der Verbindungen macht es allerdings zweifelhaft, ob man berechtigt ist, dieselben mit gewöhnlichen sog. Doppelverbindungen zu vergleichen. Das Eisen beispielsweise mag hier vielmehr eine ähnliche Rolle spielen wie im Hämoglobin.

Unter den erwähnten Doppelverbindungen ist besonders das Kupferacetatphyllocyanin durch seine Eigenschaften ausgezeichnet. Die Lösungen desselben erscheinen prachtvoll blaugrün und zeigen spektroskopisch untersucht vier Absorptionsbänder.[1] Es wird durch siedende Salzsäure, sowie auch durch Schwefelwasserstoff nicht zersetzt. Man erhält es am schönsten, indem man eine siedende Lösung von Phyllocyanin in Eisessig mit Kupferacetat versetzt. Die krystallinische Abscheidung wird abfiltriert mit verd. Salzsäure

[1] Vgl. Tafel I.

gcwaschen und sodann noch einmal aus siedendem Eisessig umkrystallisiert. Die erhaltenen, auch ohne Vergröfserungsgläser erkennbaren Krystalle ähneln sehr denen des krystallisierten Indigos.
Die Analysen der Kupferacetatdoppelverbindung ergaben im
Mittel:[1]

$$C : 60.52\,^0/_0$$
$$H : 5.32\,,$$
$$N : 4.74\,,,$$
$$Cu : 9.09\,,,$$

aus welchen Werten sich die Formel
$$C_{68}H_{71}N_5O_{17}Cu_2$$
berechnet, welche erfordert:

$$C : 60.23\,^0/_0$$
$$H : 5.25\,,,$$
$$N : 5.16\,,,$$
$$Cu : 9.29\,,,$$

Nicht minder interessant ist auch die Zinkacetatdoppelverbin-
dung. Ihre Lösung ist grün, zeigt vier Absorptionsbänder und
verhält sich im allgemeinen wie eine Chlorophylllösung. Das Studium dieser Lösung lieferte SCHUNCK eine eigene Interpretation des
im Abschnitt „Chlorophyll" beschriebenen TSCHIRCHschen Versuches.
Nach SCHUNCK ist, wie erwähnt, das TSCHIRCHsche Reinchlorophyll
nichts anderes als eine Zinkdoppelverbindung des Phyllocyanins.
Die Rolle einer Säure übernimmt irgend eine, das Chlorophyllan
verunreinigende, Pflanzensäure. Diese Ansicht wird noch durch den
Umstand bestärkt, dafs es SCHUNCK[2] gelang durch Behandlung einer
frischen Chlorophylllösung mit einer Säure und dann mit Zinkoxyd
eine Lösung zu erhalten, welche sich verhielt, wie unveränderte
Chlorophylllösungen, und überdies ein nämliches Spektrum zeigte,
wie die erwähnte Zinkdoppelverbindung des Phyllocyanins.
Die Eisendoppelverbindungen des Phyllocyanin können in zwei
Untergruppen eingeteilt werden.
Die Repräsentanten der ersten Gruppe, welche Essigsäure,
Palmitinsäure oder Ölsäure enthalten, lösen sich in Lösungsmitteln
mit grüner Farbe und zeigen durchweg ein gleiches Absorptions-
spektrum, welches vier Bänder enthält.
Die Glieder der zweiten Gruppe lösen sich ebenfalls mit grüner
Farbe, und das Absorptionsspektrum der Lösungen besteht ebenfalls

[1] SCHUNCK, Proc. Roy. Soc. 55, 362. Vgl. auch SCHUNCK u. MARCHLEWSKI,
Lieb. Ann. 278, 333.
[2] Proc. Roy. Soc. 39, 360.

aus vier, aber anders gelegenen und besser begrenzten Absorptionsbändern. Die zweite Gruppe bilden die Citronensäure, Malonsäure
oder Phosphorsäure enthaltenden Verbindungen.

Die beiden Gruppen unterscheiden sich aufserdem dadurch, dafs
während die Repräsentanten der ersten Gruppe mit Säuren behandelt bläuliche Lösungen liefern, deren Absorptionsbänder mehr nach
dem blauen Ende des Spektrums verschoben sind, die Repräsentanten der zweiten Gruppe bei ähnlicher Behandlung Lösungen
liefern, deren Spektrum aufs genaueste mit dem des Chlorophylls
übereinstimmt.

Hervorzuheben ist noch, dafs sämtliche Doppelverbindungen, die
Eisen enthalten, durch Äther in ganz eigentümlicher Art verändert
werden. Versetzt man die alkoholische Lösung derselben mit dem
gleichen Volum Äther, so schlägt die Farbe von Grün in Gelb um.
Hierbei verschwinden sämtliche Bänder mit Ausnahme des im Rot
gelegenen, wobei ein neues im Rot bemerkbar wird. Nach längerem
Stehen solcher Lösungen verschwinden auch die beiden Bänder im
Rot, und die Lösung absorbiert jetzt nur den blauen Teil des Spektrums, was eine allgemeine Eigenschaft von gelben Lösungen ist.
Benzol und Aceton wirken in ähnlicher Art, während Chloroform
und Schwefelkohlenstoff ohne Wirkung sind.

Schliefslich sei noch ein Derivat des Phyllocyanins erwähnt,
welches mit den oben besprochenen grofse Ähnlichkeit hat. Es ist
dies die Verbindung des Phyllocyanins mit Zink und Kohlensäure
und wird erhalten, indem man einen Kohlensäurestrom durch eine
alkoholische Lösung von Phyllocyanin, in welcher Zinkoxydhydrat
suspendiert ist, leitet. Nach einigen Stunden der Einwirkung der
Kohlensäure filtriert man vom überschüssigen Zinkoxydhydrat ab.
Das Filtrat erscheint prachtvoll blaugrün und fluoresziert sehr stark
rot. Das Absorptionsspektrum stimmt mit demjenigen des Zink-
acetatphyllocyanins überein. Beim Verdampfen des Lösungsmittels
erhält man eine krystallinische Abscheidung, die erst gegen 160°
zersetzt wird. Salzsäure entwickelt daraus Kohlensäure und regeneriert Phyllocyanin. Die Lösungen der Zinkdoppelverbindungen des
Phyllocyanins ähneln, wie bereits oben erwähnt wurde, den Lösungen
des Chlorophylls, und sind ebensowenig wie diese im Sonnenlichte
beständig.

Interessante Resultate wurden von SCHUNCK[1] auch erhalten

---

[1] SCHUNCK, Proc. Roy. Soc. 42, 186.

bei der Reduktion des Phyllocyanins. Bei der Behandlung von
Phyllocyanin mit siedender Kalilauge und Zinkstaub erhält man
eine dunkelblaugrüne Lösung, welche auf Zusatz von Salzsäure eine
grüne Fällung giebt. Diese löst sich mit blaugrüner Farbe in Äther,
und die fluoreszierende Lösung zeigt ein ähnliches Spektrum wie
die Zinkdoppelverbindungen mit Phyllocyanin; nur sind die Bänder,
mit Ausnahme des ersten, etwas weiter vom roten Ende entfernt.
Es ist hervorzuheben, dafs man verschiedene Körper erhält je nach
der Natur der zum Ausfällen benutzten Säure. Die bei Anwendung
von Essigsäure erhaltene Substanz wurde von Schunck als Doppelverbindung des Reduktionsproduktes des Phyllocyanins mit Zink und
Essigsäure betrachtet, während das mit Hilfe von Salzsäure dargestellte als das freie Reduktionsprodukt angesehen wurde. Ganz
anders gestalten sich die Resultate, wenn man das Phyllocyanin mit
energischen Reduktionsmitteln behandelt. Versetzt man nämlich
eine Lösung des Phyllocyanins in konz. Salzsäure mit metallischem
Zinn, so schlägt die Farbe allmählich in eine olivengrüne um.
Wasserzusatz verursacht eine braune Abscheidung, welche sich in
Alkohol mit dunkler Olivenfarbe löst. Dampft man die alkoholische
Lösung ein, und extrahiert den amorphen Rückstand mit Äther, so
erhält man eine grüne, mit einem Stich ins rote, Lösung, welche im
Spektrum acht Absorptionsbänder erzeugt. Beim Verdampfen der
ätherischen Lösung erhält man eine halbkrystallinische Masse, welche
im durchfallenden Lichte grün und im reflektierten purpurn erscheint.

Bei andauernder Einwirkung der obigen Reduktionsmittel auf
Phyllocyanin erhält man schliefslich eine rote Lösung, aus welcher
Wasserzusatz Bildung von roten Flocken verursacht. Die Flocken
lösen sich in Alkohol mit roter Farbe. Die letztere wird auf Zusatz von Alkalien citronengelb, regeneriert sich aber durch Säurezusatz. Beim Verdampfen der roten alkoholischen Lösung bekommt
man eine rotbraune Masse, welche sich nur teilweise in Äther löst.
Letztere Lösung zeigt ein Spektrum mit sechs Absorptionsbändern.

Bei der Einwirkung von schmelzendem Kali wird das Phyllocyanin sehr bedeutend verändert. Löst man Phyllocyanin in konzentrierter Kalilauge,[1] dampft die Lösung zur Trockne ein und erhitzt die Masse beinahe bis zum Schmelzpunkt, so erhält man ein
rotbraunes Reaktionsprodukt, welches sich mit rotbrauner Farbe in
Wasser löst.

[1] Schunck, Proc. Roy. Soc. 50, 302.

Essigsäure fällt aus der wässerigen Lösung einen voluminösen braunen Niederschlag. Man extrahiert nun mit Äther. Letzterer nimmt einen Teil des Niederschlages auf. Die ätherische Lösung wird verdampft, wobei sich eine dunkelbraune Masse abscheidet. Diese wird abfiltriert und mit siedendem Alkohol behandelt. Die rote alkoholische Lösung giebt auf Zusatz von Zinkacetat einen braunen Niederschlag, der sich bald absetzt; die überstehende Flüssigkeit erscheint purpurn. Letztere giebt nach dem Abfiltrieren des Zinkniederschlages und Eindampfen ein rotes Pulver, welches das Zinksalz der neuen Verbindung darstellt. Aus diesem kann die Säure in Freiheit gesetzt werden, indem man es in heifsem salzsäurehaltigen Alkohol löst, die Lösung mit Wasser und dann mit Äther versetzt. Nachdem die Schichtenscheidung eingetreten ist, beobachtet man, dafs die ätherische obere braun, die untere karmoisinrot gefärbt ist. Die untere Lösung wird teilweise eingedampft und dann mit Wasser versetzt. Der gebildete braune Niederschlag wird schliefslich aus siedendem Alkohol umkrystallisiert.

Die Eigenschaften des so gewonnenen Körpers sind folgende: Unter dem Mikroskop stellt er regelmäfsige, prismatische Krystalle vor, welche im durchfallenden Licht rot sind. Er löst sich in siedendem Alkohol, Äther und Chloroform. Die Lösungen sind rot gefärbt. In Eisessig und konz. Salzsäure löst er sich mit karmoisinroter Farbe. Die Spektra der verschiedenen Lösungen sind sehr gut ausgebildet, differieren aber je nach der Natur des Lösungsmittels. Sie zeichnen sich durch die Abwesenheit von Bändern im Rot aus. Der Körper wurde neuerdings von SCHUNCK und MARCHLEWSKI eingehender studiert. Die erhaltenen Resultate sind in dem Kapitel über Phylloporphyrin (S. 53) mitgeteilt.

Schliefslich mögen hier noch einige Bemerkungen über TSCHIRCHS[1] und FRÉMYS[2] Phyllocyaninsäure Platz finden. TSCHIRCH versteht unter diesem Namen den durch Fällen der salzsauren Lösung des Phyllocyanins mit Wasser entstehenden Körper, welcher identisch sein soll mit der durch Verdampfung der genannten Lösung gewonnenen Substanz.

Die alkoholische Lösung der Phyllocyaninsäure ist olivenbraun. Die rote fluoreszierende Lösung des Kalisalzes in überschüssigem Alkali besitzt nach TSCHIRCH folgendes Absorptionsspektrum:

[1] *Untersuchungen etc.* S. 191.
[2] *Compt. rend.* 61, 191.

Band I zwischen $\lambda = 630$ und $\lambda = 665$

„ II „ $\lambda = 570$ „ $\lambda = 610$

„ III „ $\lambda = 560$ „ $\lambda = 570$

„ IV zwischen $\lambda = 525$ und $\lambda = 540$

„ V „ $\lambda = 490$ „ $\lambda = 515$.

In einem Falle wurde Streifen 1 doppelt gesehen:

Band Ia zwischen $\lambda = 690$ bis $\lambda = 710$

„ Ib „ $\lambda = 630$ „ $\lambda = 660$.

Die alkoholische Lösung der freien Phyllocyaninsäure zeigt nach TSCHIRCH folgendes Absorptionsspektrum:

Band I zwischen $\lambda = 680$ bis $\lambda = 640$

„ II „ $\lambda = 620$ „ $\lambda = 595$

„ III „ $\lambda = 570$ „ $\lambda = 560$

„ IVa „ $\lambda = 550$ „ $\lambda = 530$

„ IVb „ $\lambda = 515$ „ $\lambda = 490$

„ V Endabsorption, etwa von $\lambda = 470$ bis zu Eude.

Die Zusammensetzung der Phyllocyaninsäure entspricht nach TSCHIRCH[1] der Formel $C_{24}H_{29}N_2O_4$.

Es ist hervorzuheben, dafs die Phyllocyaninsäure nichts anderes ist als Phyllocyanin, vorausgesetzt, dafs die genannte Säure durch Fällen der salzsauren Lösung des Phyllocyanins durch Wasser hergestellt wurde.[2] Diese Behauptung läfst sich ohne weiteres prüfen, indem man die sog. Phyllocyaninsäure in salzsaurer Lösung spektroskopisch untersucht. Diese Lösung zeigt dasselbe Spektrum wie die bei der FRÉMYschen Chorophyllspaltung erzeugte Phyllocyaninlösung. Der Wasserzusatz zu solchen Lösungen verursacht lediglich die Dissociation des Phyllocyaninchlorhydrates.

Umwandlung des Phylloxanthins in Phyllocyanin.

SCHUNCK[3] hatte bereits Versuche angestellt, die die gegenseitige Umwandung dieser Körper zum Zwecke hatten. Neuerdings hat SCHUNCK und MARCHLEWSKI[4] die diesbezüglichen Versuche wieder

---

[1] *Das Kupfer vom Standpunkte der gerichtlichen Chemie etc.* (1893) S. 25. Stuttgart, ENKE.

[2] Durch Verdampfen der Lösung bekommt man, wie oben erwähnt, ein Produkt, welches Phyllotaonin enthält.

[3] *Proc. Roy. Soc.* 50, 309.

[4] *Ann. Chem.* (1894). Zweite Abhandlung.

aufgenommen und das erhaltene Resultat ist, dafs sich Phylloxanthin
thatsächlich in Phyllocyanin umwandeln kann.

Die Versuche wurden mit phyllocyaninfreiem Phylloxanthin, dessen
Lösung nur vier Absorptionsstreifen zeigte und auch sonst sämtliche
Eigenschaften einer normalen Phylloxanthinlösung besafs, vorgenommen. Das Phylloxanthin wurde in konzentrierter Salzsäure
suspendiert, etwas Äther zugesetzt und der Inhalt während mehrerer
Stunden, unter häufigem Durchschütteln stehen gelassen. Die Lösung
färbt sich allmählich blaugrün. Nun wurde die Lösung tüchtig mit
Äther, behufs Entfernung des unangegriffenen Phylloxanthins, durchgeschüttelt, die salzsaure Lösung in Wasser gegossen und die Flüssigkeit mit neuen Mengen Äther extrahiert. Letzterer nahm nun das gebildete Phyllocyanin auf. Die ätherische Lösung erschien grün im
Gegensatz zu der braunen, mit einem Stich ins Rote, Lösung
des Phylloxanthins und besafs genau dasselbe Spektrum wie direkt
dargestellte Phyllocyaninlösungen.

Es kann demnach die Umwandlung des Phylloxanthins in
Phyllocyanin als bewiesen angesehen werden.

Es ist übrigens hervorzuheben, dafs man bereits in der Litteratur
Angaben finden kann, nach welchen die Umwandlung des Phylloxanthins in Phyllocyanin wahrscheinlich erschien. So betont ASKENASY,[1]
dafs bei der Bildung des sog. modifizierten Chlorophylls das Anfangs-
stadium der Reaktion durch ein Spektrum gekennzeichnet wird,
welches mit dem des nach FRÉMYS Verfahren dargestellten Phylloxanthins übereinstimmt, während das Endstadium durch Absorptionsbänder charakterisiert ist, welches genau mit denen des Phyllocyanins
zusammenfallen. Diese Erscheinung ist aber eine Folge der Umwandlung des primär gebildeten Phylloxanthins in Phyllocyanin.

Alkachlorophyll.

Ich gehe nun zur Besprechung der wichtigsten Arbeiten über
die Einwirkung von Alkalien auf Chlorophyll über. Wie ich bereits
mehrfach Gelegenheit hatte zu erwähnen sind die Ansichten darüber,
ob Chlorophyll durch Alkalien angegriffen wird oder nicht, geteilt.
Welche Anschauung die einzig richtige ist, wird sich in dem späteren

[1] *Bot. Zeit.* (1867), 229. Vgl. auch RUSSELL und LAPRAIK, *Journ. chem. Soc.* 1882.

Kapitel ergeben, und ich begnüge mich in diesem Abschnitte mit der Beschreibung der besten Methoden zur Darstellung des Alkachlorophylls wie auch seiner wichtigsten Eigenschaften. Zu den vollständigsten Arbeiten über das Alkachlorophyll (TSCHIRCHS Chlorophyllinsäure) sind diejenigen von HANSEN[1] und von SCHUNCK[2] zu zählen. HANSEN schickt seinem Studium über das Alkachlorophyll (sein Reinchlorophyll) eine Untersuchung der alkoholischen Extrakte grüner Pflanzen voraus. Die erhaltenen Resultate führen ihn zu der Anschauung, dafs der Chlorophyllfarbstoff in solchen Lösungen an Fettsäureester gebunden vorliegt. Der Beweisgang ist folgender. Wird der alkoholische Blätterextrakt mit Tierkohle behandelt, so nimmt letztere neben dem Farbstoff auch Fettsäureester auf. Dieses Faktum kann nach HANSEN nur erklärt werden, indem man annimmt, die Ester wären mit dem Farbstoff chemisch verbunden, denn aus einem blofsen Gemenge dieser Stoffe, würde Tierkohle nur den Farbstoff aufnehmen.

Die Untersuchung der durch Tierkohle aufgenommenen Substanzen erwies, dafs sie aus einem Gemenge des Farbstoffes, einer unverseifbaren Substanz, einer flüchtigen und einer mit Wasserdämpfen nicht flüchtigen Fettsäure vom Schmp. 52—53, bestehen.

Nachdem diese Erkenntnis gewonnen war, schritt HANSEN zur eigentlichen Verarbeitung der alkoholischen Chlorophyllauszüge. Diese wurden durch Kochen von getrocknetem Grase mit Alkohol hergestellt und die erhaltene, möglichst konzentrierte Lösung mit Ätznatron drei Stunden lang gekocht. Die Menge des Ätznatrons richtet sich natürlich nach der Menge des in der Lösung enthaltenen Farbstoffs. Nach vollendeter Verseifung wird etwa $2/3$—$3/4$ des Alkohols abdestilliert, nach dem Erkalten in die Lösung Kohlensäure eingeleitet, und so das freie Alkali in Karbonat übergeführt. Darauf wird die Lösung auf dem Wasserbade zur Trockne eingedampft. Man erhält ein trockenes, dunkelgrün gefärbtes Gemenge der Seifen, Farbstoffe u. s. w., welches in Wasser mit Chlorophyllfarbe löslich ist.

Aus dem Gemisch wird zunächst der ständige Begleiter des Chlorophylls, das Carotin, mit Äther entzogen. Die Trennung vom grünen Farbstoff ist quantitativ, da letzterer als Natriumverbindung in Äther ganz unlöslich ist. Auch die Seifen sind in Äther schwer löslich. Dagegen wird die durch Alkalien unverseifbare Substanz

[1] l. c.
[2] *Proc. Roy. Soc.* 50, 312.

(oder Gemisch von verschiedenen Körpern) aufgelöst. Im Rückstande befinden sich nur die Fettseifen, der grüne Farbstoff als Natriumverbindung und Natriumkarbonat. Die Trennung der Fettseifen ist eine überaus schwierige Aufgabe, wird aber genügend sicher durch Behandlung des Gemisches mit Ätheralkohol (1 + 1) bewerkstelligt. Die Extraktion wird zweckmäfsig in einem Soxhletschen Apparat vorgenommen. Der ablaufende Ätheralkohol ist grün gefärbt, enthält jedoch nur kleine Mengen Farbstoff und nur die grofse Farbkraft läfst die Lösung dunkel erscheinen. Nach dieser ersten Extraktion läfst man den Inhalt der Hülse trocknen und extrahiert nochmals mit absolutem Alkohol. Derselbe nimmt die Seifen energischer auf, zugleich aber auch etwas Farbstoff. Anfangs ist die ablaufende Lösung dunkelgrün gefärbt, je mehr aber die Seifen extrahiert werden, um so mehr nimmt die Löslichkeit des Farbstoffes in Alkohol ab und derselbe wird immer weniger gefärbt. Dies ist ein Zeichen, dafs die Seifen entfernt sind, und wenn der Alkohol sich nur noch schwach grün färbt, unterbricht man die Extraktion. Die Papierhülse enthält nun das eigentliche Material zur Darstellung des grünen Farbstoffes, welches aus einem Gemenge von Farbstoffnatrium und Natriumkarbonat besteht. Aus der Farbstoffnatriumverbindung läfst sich der Farbstoff mit verschiedenen Säuren abscheiden, indem das trockene grüne Gemenge mit Ätheralkohol übergossen und die Säure bis zur Abscheidung des Farbstoffes zugefügt wird. Der Farbstoff geht in den Ätheralkohol über. Man kann den Farbstoff mit verdünnter Schwefelsäure, Phosphorsäure, Essigsäure u. s. w. abscheiden. Das einzuhaltende Verfahren ist am besten folgendes: das trockene Pulver wird mit einem Gemisch von 10 Tl. Äther und 1 Tl. absoluten Alkohol übergossen, und Phosphorsäure zugesetzt, bis aller Farbstoff vom Ätheralkohol aufgenommen ist. Nach vollendeter Reaktion hebt man die ätherische Lösung ab, läfst sie in einer verschlossenen Flasche einige Zeit stehen, damit sich noch Wassertropfen aus dem Äther absetzen, und filtriert. Um den Farbstoff in fester Form zu erhalten, wird der Äther abdestilliert und die zurückbleibende alkoholische Lösung auf dem Wasserbade bei gelinder Wärme verdampft. Der Farbstoff wird noch einmal mit kaltem Ätheralkohol (10 + 1) aufgenommen und stellt nach dem nochmaligen Verdampfen einen glänzend schwarzgrünen, völlig festen, spröden Körper dar.

---

[1] *Proc. Roy. Soc.* 50, 312.

Schuncks Methode [1]: Frisches Gras wird mit siedendem Alkohol von 80 % behandelt. Die Lösung, heifs filtriert, liefert nach einigem Stehen einen dunkelgrünen Absatz. Letzterer wird abfiltiert und mit einer Lösung von Ätznatron in starkem Alkohol längere Zeit gekocht. Die Lösung wird abermals filtriert und dann mit einem Strom von Kohlensäure behandelt. Nach einiger Zeit der Kohlensäureeinwirkung bildet sich ein dunkelgrüner Niederschlag, der schnell zu Boden fällt. Die überstehende Flüssigkeit ist gelbbraun gefärbt. Man filtriert, wäscht den Niederschlag, der aus der Natriumverbindung des Alkachlorophylls und Natriumbikarbonat besteht, mit absolutem Alkohol, bis letzterer farblos abläuft. Man behandelt jetzt das Gemisch mit Wasser, wobei sich der gröfste Teil löst. Hierbei bleiben mitunter schön ausgebildete Krystalle des Chrysophylls resp. Carotins ungelöst zurück. Die wässerige Lösung wird nun mit dem mehrfachen Volumen gesättigter Kochsalzlösung versetzt, wodurch eine grüne, flockige Fällung verursacht wird, die sich nur langsam absetzt. Man filtriert dieselbe ab, wäscht sie mit gesättigter Kochsalzlösung, bis die ablaufende Lösung keine alkalische Reaktion mehr aufweist. Nun wird der Filterinhalt mit siedendem Alkohol behandelt; ungelöst bleibt ein kleiner Teil, welcher die Calcium- resp. Magnesiumverbindung des Alkachlorophylls darstellt. Die alkoholische Lösung liefert nach dem Abdampfen des Alkohols die Natriumverbindung des Alkachlorophylls, welche durch eine kleine Menge von Kochsalz verunreinigt ist. Um den freien Farbstoff zu gewinnen wird derselbe im Wasser gelöst, mit einer hinreichenden Menge Äther versetzt, Essigsäure zugetröpfelt und tüchtig durchgeschüttelt. Die ätherische Lösung wird schliefslich mit Wasser gewaschen und bei gelinder Wärme verdampft.

Tschirchs Methode. [1] Es sei noch die Methode kurz erwähnt, derer sich Tschirch zur Darstellung des Alkachlorophylls oder der Chlorophyllinsäure, wie dieser Forscher die Substanz nennt, kurz erwähnt. Grüne Pflanzenteile werden mit stark verdünnter Kalilauge behandelt. Die erhaltene Lösung wird stark eingedampft, wobei sich dunkelgrüne Massen abscheiden, welche man alsdann mit Alkohol extrahiert.

In Lösung gehen Alkachlorophyllnatrium, Carotin, Seifen und überschüssiges Kalihydrat. Vom Kaliumhydroxyd kann man das chlorophyllinsaure Kalium dadurch trennen, dafs man die Lösung

[1] Untersuchungen etc. S. 76.

(nach Abdestillieren des Alkohols) in den Dialysator giebt, wobei das Kaliumhydrat herausdiffundiert. Das Carotin entfernt man durch Ausschütteln mit Äther.

Um die Menge der Extraktivstoffe zu verringern wird vorgeschlagen, die Blätter erst einen Tag in sehr verdünnter Kalilauge stehen zu lassen, alsdann die Lauge abzugiefsen und nun erst das Alkachlorophyll mit neuer Kalilauge zu extrahieren.

In neuester Zeit haben SCHUNCK und MARCHLEWSKI[1] ein Verfahren mitgeteilt, welches zu sehr reinem Alkachlorophyll führt. Die genannten Autoren haben nämlich die ursprüngliche SCHUNCKsche Methode mit den HANSENschen kombiniert und das erhaltene freie Alkachlorophyll durch dreimaliges Lösen in Äther, Fällen mit Ligroin und schliefslich Auskochen mit Ligroin von den letzten Spuren der im anhaftenden Fettsäuren befreit.

Chemische Zusammensetzung des Alkachlorophylls.

SCHUNCK und MARCHLEWSKI fanden für das nach ihrem Verfahren dargestellte und gereinigte Alkachlorophyll folgende Zusammensetzung:

I	II	III
C : 70.00 %	70.00 %	69.93 %
H : 6.52 „	6.20 „	6.43 „
N : 11.03 „	11.43 „	11.31 „

Aus diesen Werten berechnet sich für Alkachlorophyll die Formel $C_{52}H_{57}N_7O_7$, welche erfordert:

C : 70.12 %
H : 6.39 „
N : 10.99 „

Eigenschaften des Alkachlorophylls.

Der nach den oben mitgeteilten Methoden dargestellte Körper besitzt folgende Eigenschaften. Er ist unlöslich in Wasser, Benzol, Schwefelkohlenstoff, schwer löslich in absolutem Äther, leicht löslich in Alkohol.

Aus ätherischen Lösungen durch Verdampfung des Lösungsmittels gewonnen, stellt er eine dunkelblaugrüne Masse dar, die metallischen Glanz besitzt.

Läfst man die konzentrierte, stark rot fluoreszierende, in dicken

[1] Ann. Chem. 283. Zweite Abhandlung.

Schichten rot erscheinende, alkoholische Lösung auf einer Glasplatte verdampfen, so zeigt der Farbstoff eigentümliche Farbenerscheinungen. Im reflektierten Licht besitzt er eine matt goldgrüne Farbe, im durchfallenden Licht erscheinen zwei Farben, ein reines Grün und ein dem Fluorescenzlicht ähnliches Braunrot.[1] Alkachlorophyll löst sich leicht in Alkalien. Die Lösungen geben grüne Niederschläge mit Baryumchlorid, Bleiacetat, Kupferacetat und Silbernitrat. Letzterer Niederschlag scheidet beim Kochen mit Wasser metallisches Silber ab.

Spektroskopisches Verhalten des Alkachlorophylls.

Die Thatsache, dafs alkoholische Chlorophylllösungen durch Alkalien verändert werden, wobei sich die eingetretenen Veränderungen durch das Spektrum nachweisen lassen, wurde bereits von CHAUTARD[2] entdeckt. Dieser Forscher bemerkte nämlich, dafs das Absorptionsband im Rot, das von ihm benannte „bande specifique" in mit Alkalien behandelten Chlorophylllösungen gespalten erscheint. Diese Beobachtung wurde dann von verschiedenen Autoren bestätigt und weiter verfolgt, was dazu beitrug, dafs wir nun eine genaue Kenntnis des Alkachlorophyllspektrums besitzen. Ich führe zunächst HANSENS Beobachtungen über Alkachlorophyll an. Die ätherische (mit $^1/_{10}$ Alkoholgehalt) Lösung desselben zeigt fünf Absorptionsbänder, abgesehen von den Absorptionen des äufsersten Rot und des ganzen Blauviolett. Davon liegen die vier ersten so, dafs eine deutliche Beziehung zu denen des Blätterauszuges vorhanden ist; im Grün, an der Grenze des Blaus tritt ein neues Band auf. In konzentrierten Lösungen fliefsen die beiden ersten Bänder zusammen, die übrigen werden teils breiter, teils dunkler, und es tritt noch ein schmales neues Band hervor.

Aus HANSENS Absorptionsspektren ergeben sich die folgenden Wellenlängen, die die einzelnen Bänder charakterisieren.

Für schwache Lösungen in Ätheralkohol:

$$\text{Band } \ \text{I} : \lambda = 680 - \lambda = 627$$
$$\text{„ } \ \ \text{II} : \lambda = 610 - \lambda = 597$$
$$\text{„ } \ \ \text{III} : \lambda = 587 - \lambda = 572$$
$$\text{„ } \ \ \text{IV} : \lambda = 542 - \lambda = 530$$
$$\text{„ } \ \ \text{V} : \lambda = 507 - \lambda = 487.$$

[1] HANSEN, l. c.
[2] *Compt. rend.* **76**, 570.

Für konzentrierte Lösungen in Atheralkohol:

Band I : $\lambda = 692 - \lambda = 627$

„ II : $\lambda = 627 - \lambda = 597$

„ III : $\lambda = 587 - \lambda = 565$

„ III : $\lambda = 557 - \lambda = 550$

„ IV : $\lambda = 540 - \lambda = 527$

„ V : $\lambda = 507 - \lambda = 487$.

Das Spektrum der alkoholischen Lösung zeigt sechs Absorptionsbänder. Die Lage derselben im Vergleich mit denen der ätherischen Lösungen ist etwas verschieden. Das Band I verbreitet sich nach dem Rot zu, die beiden äufsersten Bänder der anderen Seite sind nach dem Violett verschoben. Band III behält seine Lage. Mit den obigen Angaben stimmt auch SCHUNCKS[1] Zeichnung des Spektrums für Alkachlorophyll in ätherischer Lösung gut überein.

Schliefslich seien noch TSCHIRCHS[2] Messungen, welche an Lösungen des Baryumsalzes der Chlorophyllinsäure gemacht worden sind, angeführt.

Band I : $\lambda = 670 - \lambda = 620$

„ II : $\lambda = 605 - \lambda = 580$ mit I durch einen Schatten verbunden,

„ III : $\lambda = 560 - \lambda = 550$ sehr matt,

„ IV : $\lambda = 535 - \lambda = 520$ mit der Endabsorption durch einen Schatten verbunden,

„ V (Endabsorption) von $\lambda = 500$ bis zu Ende.

Band I erscheint „bisweilen" (in dünnen Schichten) gespalten, die beiden Streifen liegen dann:

Band Ia von $\lambda = 660 - \lambda = 650$

„ Ib „ $\lambda = 640 - \lambda = 630$.

Das Fluoreszenzlicht scheint dasselbe zu sein wie frischer Chlorophylllösungen.

Spaltungsprodukte des Alkachlorophylls.

Das Alkachlorophyll erleidet durch Säuren eine eigentümliche, sehr charakteristische Umwandlung.

Erhitzt man seine alkoholische Lösung mit Essigsäure zum Sieden, so schlägt alsbald die Farbe von Grün in eine schmutzig purpurne um. Als Hauptreaktionsprodukt tritt hierbei Phyllotaonin auf. Wird die obige Lösung nahe zur Trockne eingedampft, so

[1] l. c.

[2] l. c.

hinterbleibt ein dunkel gefärbter Rückstand, welcher nach dem Behandeln mit Eisessig eine Lösung giebt, deren Verhalten mit einer solchen des Phyllotaoninacetates übereinstimmt. Eine nähere Beschreibung dieser Körper findet sich in dem Abschnitt über Phyllotaonin und seine Derivate.

Neben Phyllotaonin und vielleicht fettartigen Substanzen liefert Alkachlorophyll noch eine basische Substanz. Erhitzt man es nämlich mit verdünnter Schwefelsäure, filtriert von der abgeschiedenen, unlöslichen Materie ab, entfärbt das Filtrat durch Baryumkarbonatzusatz, und dampft endlich die filtrierte Lösung zur Trockne ein, so erhält man eine in Wasser lösliche, in Äther unlösliche Masse, deren wässerige Lösung alkalisch reagiert, FEHLING'sche Lösung nicht reduziert und mit Platinchlorid eine hellgelbe Fällung giebt.[1]

Es sei schliefslich noch auf einige Versuche von TSCHIRCH[2] hingewiesen, die mit dem Alkalisalze des Alkachlorophylls ausgeführt wurden. Sie beziehen sich ebenfalls auf die Einwirkung von Säuren auf Alkachlorophyll. Die erhaltenen Körper gehören zweifelsohne zu der Gruppe des Phyllotaonins und seiner Derivate. Eine nähere Besprechung der Details darf hier, in Anbetracht des Umstandes, dafs die Charakteristik der verschiedenen Körper nur auf spektroskopischem Wege geliefert wurden, übergangen werden. Erwähnt sei nur, dafs TSCHIRCH die Einwirkungsprodukte von konzentrierter Salzsäure auf Alkachlorophyll γ-Phyllocyanin resp. β-Phylloxanthin genannt hat.

Nach SCHUNCK und MARCHLEWSKI[3] werden einer salzsauren Lösung von absolut reinem Alkachlorophyll durch Äther keine gefärbten Produkte entzogen. Das von TSCHIRCH erhaltene Resultat wird auf Verunreinigungen des von ihm benutzten Alkachlorophylls zurückgeführt.

Gegen Alkalien ist Alkachlorophyll, wie TSCHIRCH fand, sehr beständig. Erst bei 210° tritt eine Umwandlung ein. Unter Entweichen ammoniakalischer Dämpfe wird die anfangs smaragdgrüne Lösung prachtvoll purpurrot, und giebt nach dem Erkalten und Ansäuern an Äther eine Säure ab, deren Lösungen purpurn sind, stark rot fluoreszieren und folgendes Spektrum besitzen:

Band Ia von $\lambda = 640$ bis $\lambda = 660$

[1] SCHUNCK, l. c.
[2] *Untersuchungen etc.* S. 81.
[3] *Ann. Chem.* 283. Zweite Abhandlung.

Band Ib von $\lambda=620$ bis $\lambda=630$ mit Ia durch einen Schatten
verbunden,

„ II „ $\lambda=570$ „ $\lambda=600$ dunkel,

„ III „ $\lambda=535$ „ $\lambda=555$ in der Mitte sehr dunkel,

„ IV „ $\lambda=490$ „ $\lambda=513$ mit der etwa bei $\lambda=480$ beginnenden Endabsorption durch einen Schatten verbunden. Die Helligkeitsskala der Bänder ist, vom dunkelsten beginnend, III, IV, II, Ia, Ib.

Das Spektrum des Fluoreszenzlichtes besteht aus homogenem Rot und erstreckt sich von $\lambda=600$ bis $\lambda=670$. Diese Säure wurde mit dem Namen Phyllopurpurinsäure belegt.

Nach Schunck und Marchlewski[1] wird bei obigem Versuch ein Gemisch von verschiedenen Substanzen erhalten, aus welchem sich krystallisiertes Phylloporphyrin (siehe dieses S. 53) isolieren läfst. Der Name „Phyllopurpurinsäure" darf demnach aus der Wissenschaft gestrichen werden.

Phyllotoanin und seine Derivate.

In dem Abschnitt über Phyllocyanin wurde bereits erwähnt, dafs dieses Spaltungsprodukt des Chlorophylls bei der Behandlung mit konz. Schwefelsäure, beim Eindampfen seiner salzsauren Lösung, oder endlich durch Behandlung mit Alkalien in einen neuen Körper übergeht, dem Schunck den Namen Phyllotaonin beilegte. Die dort erwähnte Darstellungsweise des Phyllotaonins ist jedoch, infolge der mit sehr viel Mühe verbundenen Darstellung des reinen Phyllocyanins eine zu umständliche, und es war demnach höchst wünschenswerth eine neue Methode aufzufinden, bei welcher die Darstellung des Phyllocyanins umgangen werden könnte. Eine Methode, die ohne viel Mühe zu den Phyllotaoninderivaten führt besteht in Folgendem:[2]

Frisches Gras wird mit $80-82\%$ Alkohol ausgekocht. Der grüne Extrakt wird heifs filtriert und sodann, vom Lichte geschützt, stehen gelassen. Es bildet sich ein dunkelgrüner Absatz, welcher einen Teil des gelösten Chlorophylls und fettartige Substanzen enthält. Derselbe wird abfiltriert und mit alkoholischem Natron (be-

[1] Ann. Chem. 283. Zweite Abhandlung.
[2] Schunck, Proc. Roy. Soc. 44, 448.

reitet aus absolutem Alkohol) einige Stunden gekocht. Es bildet sich hierbei eine rotbraune unlösliche Masse neben anderen in Alkohol schwer löslichen Substanzen, die abfiltriert werden. Nach dem Erkalten der Lösung wird dieselbe mit einem Strom gasförmiger Salzsäure behandelt und zwar so lange bis sie eine deutlich saure Reaktion annimmt. Die Umwandlung, die das Alkachlorophyll bei dieser Behandlung erfährt, kennzeichnet sich durch ein Hellwerden der Lösung; nach einigem Stehen wird die Lösung wieder dunkler, und zwar purpurfarbig. Letzterer Farbenton wird immer mehr ausgesprochen und nach mehreren Tagen findet man auf den Wänden des die Lösung enthaltenden Gefäfses wunderschöne, stahlblaue, glänzende Krystalle eines Alkyläther des Phyllotaonins. Dieselben werden auf einem Filter gesammelt, mit Alkohol und siedendem Äther gewaschen, welche den gröfsten Teil der mit abgeschiedenen Fette aufnehmen, sodann in Chloroform gelöst, und die entstandene Lösung mit dem mehrfachen Volum absoluten Alkohols versetzt. Nach einigem Stehen krystallisiert der Alkyläther des Phyllotaonins heraus. Das freie Phyllotaonin wird durch Verseifen des Äthers erhalten.

Der Äthyläther des Phyllotaonins, welcher bei Anwendung von Äthylalkohol erhalten wird, krystallisiert in prachtvoll stahlblauen metallglänzenden Nadeln, welche häufig zu Sternen vereinigt sind. Dieselben lösen sich schwer in Alkohol, leichter in Benzol und Äther, während Chloroform sie mit der gröfsten Leichtigkeit aufnimmt. Um ein völlig reines, fettfreies Präparat zu bekommen, mufs man das rohe Äthylphyllotaonin sehr häufig aus einem Gemisch von Chloroform und Alkohol umkrystallisieren. Man operiert zweckmäfsig in der Weise, dafs man das Rohprodukt in wenig Chloroform löst und mit dem mehrfachen Volum von Alkohol versetzt. Es scheiden sich nach und nach die oben beschriebenen Krystalle ab. Die Ausbeute an Äthylphyllotaonin ist manchmal sehr günstig. SCHUNCK erhielt beispielsweise 4.5 g Roháthylphyllotaonin aus 1000 T. trockenem Grase. In der Regel ist jedoch die Ausbeute bedeutend geringer.

Das Äthylphyllotaonin schmilzt bei ca. 200° C.[1] Völlig reine Präparate geben bei der Analyse nach SCHUNCK und MARCHLEWSKI[2] folgende Werte:

---

[1] Der Schmp. ist bei allen hierher gehörenden Körpern nicht genau zu ermitteln.

[2] *Lieb. Ann.* 278, 329.

C: 69.22%

H: 6.04 „

N: 11.40 „

Dieselben führen zu der Formel:

$$C_{40}H_{39}N_6O_5(OC_2H_5),$$

welche erfordert

C: 69.23 %

H: 5.88 „

N: 11.53 „

Spektroskopisches Verhalten des Äthylphyllotaonins.

Die ätherische, rot fluoreszierende, graublaue Lösung des Äthylphyllotaonins zeigt fünf Absorptionsbänder, von denen das erste in Rot und das dritte in Grün sehr dunkel sind.

Die Lage der Absorptionsbänder charakterisiert sich durch die folgenden Wellenlängen, die ich, freilich nur approximativ, aus den schönen Zeichnungen von C. A. SCHUNCK[1] herausinterpoliert habe.

Band I: $\lambda = 727$ bis $\lambda = 685$

„ II: $\lambda = 652$ „ $\lambda = 630$

„ III: $\lambda = 552$ „ $\lambda = 531$

„ IV: $\lambda = 513$ „ $\lambda = 496$

„ V: $\lambda = 484$ „ $\lambda = 467$

In konz. Salzsäure löst sich Äthylphyllotaonin mit grünblauer Farbe, und die Lösung zeigt ein ähnliches Spektrum wie Phyllocyanin in demselben Lösungsmittel.

Methylphyllotaonin. Bei der Behandlung der methylalkoholischen Lösung des Alkachlorophylls mit Chlorwasserstoffsäure erhält man den Methyläther des Phyllotaonins. Die Reinigung dieses, vom Äthylderivat übrigens sehr wenig unterschiedenen Produktes, geschieht auf dieselbe Art wie beim Äthylphyllotaonin beschrieben.

Der Schmelzpunkt des Methylphyllotaonins liegt bei ca. 210° C.

Die Analysen verschiedener, möglichst vollständig gereinigter Präparate ergaben im Durchschnitt folgende Werte:

C: 68.82%

H: 6.00 „

N: 11.92 „

Dieselben stimmen mit der von der Formel

$$C_{40}H_{39}N_6O_5(OCH_3)$$

erforderten gut überein. Es berechnet sich nämlich

---

[1] *Ann. of Bot.* **3,** *Tafel.*

C : 68.90 %

H : 5.88 „

N : 11.76 „

Das spektroskopische Verhalten des Methylphyllotaonins unterscheidet sich äußerst wenig von dem des Äthylphyllotaonins.

Phyllotaonin. Die Behauptung, obige Körper stellen Alkyläther einer Karbonsäure oder eines phenolartigen Körpers dar, basiert auf der Beobachtung, daß dieselben durch alkoholisches Kali verseift werden können, wobei ein neuer Körper entsteht, der in seinem äußeren Aussehen wenig von den erstgenannten unterschieden ist, der sich aber mit der größten Leichtigkeit auch in wässerigen Alkalien löst und dadurch eben seine Säure resp. Phenolnatur dokumentiert.

Das Phyllotaonin wird am besten dargestellt und gereinigt, indem man seinen Äthyl oder Methyläther einige Zeit mit alkoholischem Natron kocht und die erhaltene Lösung einige Zeit stehen läßt. Es scheidet sich ein in Alkohol schwer lösliches Natriumsalz ab, welches mit absolutem Alkohol gewaschen und schließlich in Wasser gelöst wird. Die wässerige Lösung dieses Natriumsalzes wird nun mit einem Überschuß von Essigsäure versetzt, wodurch das Phyllotaonin in Gestalt dunkelgrüner, fast schwarzer Flocken ausgefällt wird. Dieselben werden abfiltriert, tüchtig mit Wasser bis zum Verschwinden der sauren Reaktion gewaschen, getrocknet und in Äther gelöst. Die ätherische Lösung liefert dann beim freiwilligen Verdunsten kleine dunkelstahlblaue Krystalle des Phyllotaonins.

Eigenschaften des Phyllotaonins.

Bei freiwilliger Verdunstung seiner ätherischen Lösungen erhält man regelmäßige Krystalle, welche dem monosymmetrischen System angehören.

Dieselben werden von BURGHARDT als eine Kombination von Ortho- und Klinopinakoiden angesehen. Die begrenzenden Flächen sind negativ hemipyramid.[1] Die Fläche I ist a P a, während II die negative Hemipyramidfläche — m P ist.

Der Schmelzpunkt des Phyllotaonins liegt bei ca. 184° C.

Phyllotaonin ist unlöslich in Wasser, leicht löslich in sieden-

---

[1] *Proc. Roy. Soc.* **44**, 454.

dem Alkohol, Äther, Chloroform, Benzol, Schwefelkohlenstoff und Anilin.

Analysen von Phyllotaonin ergaben im Mittel folgende Werte:

$$C: 68.51\,\%$$
$$H: 6.08\,„$$
$$N: 12.85\,„$$

welche mit den für die Formel

$$C_{40}H_{39}N_6O_5(OH)$$

berechneten ziemlich gut übereinstimmen.

Die Formel verlangt nämlich:

$$C: 68.57\,\%$$
$$H: 5.71\,„$$
$$N: 12.01\,„$$

Ähnlich wie Phyllocyanin liefert auch Phyllotaonin mit Kupferacetat in essigsaurer Lösung eine Doppelverbindung, die durch konz. Salzsäure nicht zersetzt werden kann. Sie verhält sich im allgemeinen der entsprechenden Phyllocyaninverbindung analog. Beim Versetzen einer Lösung des Phyllotaonins in Salzsäure mit Zinn wird die Farbe derselben mit der Zeit rotgelb. Wasserzusatz erzeugt eine rote Fällung, welche sich in Alkohol mit Karmoisinfarbe löst und ein ähnliches Spektrum zeigt wie das auf nämlichem Wege dargestellte Reduktionsprodukt des Phyllocyanins. Was die Bildung der Äther des Phyllotaonins bei der oben beschriebenen Behandlung des Alkachlorophyll betrifft, so ist wohl anzunehmen, dafs Alkachlorophyll durch die Salzsäure zunächst in Phyllotaonin umgewandelt wird, und dafs dieses im Entstehungszustande durch das nebenbei gebildete Alkylchlorid alkyliert wird.

Es ist jedoch hervorzuheben, dafs es bis jetzt nicht gelang, aus dem Phyllotaonin durch Behandlung mit Alkoholsalzsäure zu den beschriebenen Alkylderivaten zu gelangen. Hingegen gelingt es, aus dem Phyllotaonin durch Behandlung mit Jodalkyl in alkalischer Lösung einen Körper darzustellen, der den Alkylderivaten sehr ähnlich ist, besonders auch in spektroskopischer Hinsicht, aber im Gegensatz zu diesen sich sehr leicht in Alkalien löst.[1]

Spektroskopisches Verhalten des Phyllotaonins.

Die Lösungen des Phyllotaonins in Äther besitzen dieselbe Farbe und zeigen dasselbe Absorptionsspektrum wie die nämlichen Lösungen des Phyllocyanins. Spuren von zugesetzten Säuren, wie von Schwefelsäure, Salzsäure, Oxalsäure, Weinsäure oder Essigsäure be-

---

[1] Schunck, Proc. Roy. Soc. 44, 452.

einflussen jedoch das Spektrum in hervorragender Weise, indem nun das erste und das vierte Band in je zwei schwächere Bänder gespalten werden, während das dritte Band fast verschwindet.

Dieses Verhalten ist für Phyllotaonin sehr charakteristisch, und deutet darauf hin, dafs sich diese Substanz mit Säuren zu salzartigen nur in Lösung existenzfähigen Verbindungen vereinigt. Alkalien regenerieren sofort wieder Phyllotaonin zurück, was sich spektroskopisch sehr schön verfolgen läfst.

Die Lage der Bänder einer angesäuerten ätherischen Lösung des Phyllotoanins wird durch folgende Wellenlängen charakterisiert.

$$
\begin{aligned}
\text{Band} \quad &\text{Ia:} \ \lambda = 725 \ \text{bis} \ \lambda = 705 \\
&\text{Ib:} \ \lambda = 695 \ ,, \ \lambda = 660 \\
&\text{II:} \ \lambda = 623 \ ,, \ \lambda = 605 \\
&\text{IVa:} \ \lambda = 543 \ ,, \ \lambda = 534 \\
&\text{IVb:} \ \lambda = 528 \ ,, \ \lambda = 521 \\
&\text{V:} \ \lambda = 507 \ ,, \ \lambda = 485
\end{aligned}
$$

Acetylphyllotaonin. Phyllotaonin liefert beim Umkrystallisieren aus Eisessig einen neuen Körper, der im Gegensatz zum Phyllotaonin unlöslich in kalten verdünnten Alkalien ist. Der Körper verhält sich wie ein echtes Acetylderivat des Phyllotaonins, indem er durch kochende Alkalien unter Bildung von Alkaliacetat Phyllotaonin regeneriert.

Phyllotaoninacetat krystallisiert in schönen metallisch glänzenden, dunkelblauen Nädelchen.

Die Lösungen des Acetylphyllotaonins erscheinen purpurn und zeigen ein ebensolches Spektrum wie die Alkyläther des Phyllotaonin.

Die Analyse ergab folgende Werte:

C : 67.95 %

H : 6.17 ,,

die Formel

$C_{40}H_{39}N_6O_5(OCOCH_3)$

verlangt

C : 67.92 %

H : 5.65 ,,

Am Schlufs der Betrachtungen des Phyllotaonins und seiner Derivate angelangt, sind wir nun im stande, die langbestrittene für die Chemie des Chlorophylls höchst bedeutende Frage, ob Chlorophyll durch Alkalien affiziert wird oder nicht, gründlich zu diskutieren.

Die Meinungen bekämpften sich früher nur auf Grund spektroskopischer Studien eines frischen alkoholischen Extraktes grüner

Pflanzenteile und eines solchen mit Alkalien behandelten. Die Ergebnisse derselben waren in den Grundzügen übereinstimmend, aber die Interpretation verschieden. Die Anhänger der Unzerstörbarkeit des Chlorophylls durch verd. Alkalien stellen keineswegs die Verschiedenheit der Spektren beider Lösungen in Abrede, führten aber die Unterschiede auf geringfügige, nebensächliche Umstände zurück, und der distinguierteste Anhänger dieser Anschauung, HANSEN, führte aus, dafs es überhaupt unstatthaft ist einen rohen Chlorophyllextrakt mit seinem, in reiner Form dargestellten Präparat, zu vergleichen. Dieser Standpunkt ist, wie man ohne weiteres zugeben mufs, gerechtfertigt, und es erscheint mir sicher, dafs, wenn wir gegenwärtig nicht im stande wären, die diskutierte Frage an Hand präziser Methoden zu prüfen, HANSENS Anschauung die siegreiche sein würde. Allein die Prüfung der Angelegenheit an Hand chemischer Versuche hat zu Ungunsten der letzteren Anschauung entschieden. Diese Versuche auszuführen, ihre Resultate richtig zu interpretieren, ist das grofse Verdienst SCHUNCKS. Die Methode war, wie bereits aus den früheren Kapiteln zu ersehen ist, die Umwandlungsprodukte des mit Alkalien nicht behandelten und des mit Alkalien behandelten Chlorophylls unter dem Einflufs desselben Agens zu vergleichen. Einen ähnlichen Weg hatte bereits auch TSCHIRCH eingeschlagen, aber die von ihm erhaltenen Resultate konnten deswegen nicht von überzeugender Natur sein, da sie sich nur auf spektroskopische Versuche stützten.

Wie wir gesehen haben, liefert Chlorophyll mit Säuren behandelt zunächst Chlorophyllan, dann Phylloxanthin und schliefslich, im Falle der Anwendung von nur verdünnten Säuren, Phyllocyanin. Letzteren Körper mufs man also als das Endprodukt der Einwirkung verdünnter Säuren auf Chlorophyll betrachten, ein Produkt, welches in spektroskopischer Beziehung dem Chlorophyll noch ziemlich nahe steht, und in welchem der farbetragende Atomkomplex des Blattgrüns wahrscheinlich noch unverändert enthalten ist. Das Phyllocyanin wurde durch viele Reaktionen genau charakterisiert. Sein Verhalten chemischen Eingriffen gegenüber ist ebenso genau bekannt wie jedes beliebigen gut studierten Körpers der organischen Chemie. Das gleiche gilt von Phyllotaonin. Dies hervorzuheben ist notwendig; denn gerade der Vergleich dieser Körper soll die diskutierte Frage zum Abschlufs bringen. Andererseits liefert das Alkachlorophyll durch ähnliche Behandlung einen Körper, der flüchtig beobachtet dem Phyllocyanin ähnlich erscheint.

Das Phyllotaoninspektrum in konzentrierten Lösungen unterscheidet sich beispielsweise nicht im geringsten von dem des Phyllocyanins. Aber bereits richtige Handhabung des Spektroskop lehrt, dafs hier total verschiedene Körper vorliegen. Während beispielsweise beim Versetzen einer ätherischen Lösung des Phyllocyanins mit einer minimalen Spur einer Säure das ursprüngliche Spektrum nicht verändert wird, erleidet das ursprüngliche Spektrum einer so behandelten Lösung des Phyllotaonins eine totale Umwandlung: das Band im Grün und das Band im Rot werden in je zwei neue Bänder gespalten. (Das Auftreten des Doppelbandes im Rot kann nur in sehr verdünnten Lösungen beobachtet werden.)

In chemischer Beziehung unterscheiden sich die beiden Körper sehr bedeutend. Während Phyllocyanin beim Behandeln mit Alkalien verändert wird (eben indem es Phyllotaonin liefert, wohlgemerkt nicht Alkachlorophyll), wird Phyllotaonin nur gelöst und kann aus der Lösung durch Säurezusatz abgeschieden werden. Während Phyllocyanin gegen Eisessig indifferent ist und aus demselben krystallisiert werden kann, wird Phyllotaonin hierbei acetyliert. Während dementsprechend das Spektrum einer eisessigsauren Lösung des Phyllocyanins dem einer ätherischen Lösung gleichkommt, unterscheiden sich die Spektren einer ätherischen und eisessigsauren Lösung des Phyllotaonins ganz bedeutend. Diese Unterschiede genügen bereits vollkommen, um die totale Verschiedenheit der Körper zu beweisen und mithin auch die Annahme der Angreifbarkeit des Chlorophylls durch Alkalien zu begründen.

Phylloporphyrin.

Mit diesem Namen haben Schunck und Marchlewski[1] den Körper benannt, welcher bei gelindem Schmelzen des Phyllocyanins mit Natronhydrat entsteht. Derselbe Körper bildet sich selbstverständlich auch aus anderen Derivaten des Chlorophylls, wie aus Phylloxanthin, Äthylphyllotaonin, Alkachlorophyll, da in denselben der zur Bildung des Phylloporphyrins nötige Atomcomplex, das Phyllotaonin, vorhanden ist. Das nähere Studium dieser Substanz ergab Resultate, die die Hoppe-Seylerschen Angaben über die Dichromatinsäure und ihre Spaltungsprodukte sehr erschüttert haben.

[1] *Ann. Chem.* 284.

Es zeigte sich nämlich, wie besonders aus dem unten folgenden spektroskopischen Teil zu ersehen ist, daſs das Phylloporphyrin ein ganz anderes Spektrum in neutralen Lösungsmitteln als in sauren besitzt, daſs aber das Spektrum in ersteren Lösungen dem der Dichromatinsäure ähnlich ist und daſs demnach das mit dem Namen Phylloporphyrin von HOPPE-SEYLER belegte vermeintliche Spaltungsprodukt der Dichromatinsäure nichts anderes sein konnte, als die Lösung dieser sog. Säure in einem sauren Medium. Weiterhin stellte sich heraus, daſs der von SCHUNCK und MARCHLEWSKI erhaltene Körper stickstoffhaltig war, ein Resultat, welches mit dem HOPPE-SEYLERS nicht übereinstimmt. Erwähnt sei schlieſslich noch, daſs SACHSSE[1] höchst wahrscheinlich ebenfalls das Phylloporphyrin unter den Händen hatte, welches er durch Schmelzen seines β-Phaeochlorophylls mit Natron erhalten hatte. SACHSSE stellte für seinen, sicherlich nicht im reinen Zustande dargestellten Körper, die Formel $C_{26}H_{33}N_3O_2$ auf.

Über TSCHIRCHS Phyllopurpurinsäure, welche sich als ein Gemisch von Phylloporphyrin mit anderen Farbstoffen erwies, wurde bereits das Nötige im Abschnitt über Alkachlorophyll gesagt.

Darstellung des Phylloporphyrins.

Äthyl-Methyl-Acetylphyllotaonin oder Phyllotaonin selbst werden im geschlossenen Rohr mit äthylalkoholischem Kali auf 190° während einiger Stunden erhitzt. Der Inhalt der Röhren wird in einen Scheidetrichter entleert, mit Wasser verdünnt, mit Salzsäure angesäuert und mit Äther ausgeschüttelt. Die prachtvoll purpurrot gefärbte ätherische Lösung giebt beim Verdampfen dunkelrotviolette Kryställchen, die in einer braunen, amorphen Substanz eingebettet sind. Die Masse wird mit Alkohol ausgekocht, von den braunen Substanzen abfiltriert und das Filtrat mit alkoholischem Zinkacetat versetzt. Nach einigem Stehen dieser Lösung bildet sich eine rotgefärbte krystallinische Abscheidung, welche Zn-haltig ist. Sie wird in siedendem Alkohol gelöst, mit einigen Tropfen konz. Salzsäure versetzt, die Lösung in viel Wasser gegossen und mit Äther extrahiert. Letztere färbt sich prachtvoll karmoisinrot und giebt nach dem Waschen mit Wasser und Verdampfen dunkelrotviolette Kryställchen, die dreimal aus Alkohol umkrystallisiert werden.

Im Falle der Anwendung von Phylloxanthin, Phyllocyanin oder Alkachlorophyll zur Darstellung des Phylloporphyrins verfährt man

---

[1] *Chem. Centralbl.* (1884), 115.

zweckmäfsig in der Weise, dafs man den Röhreninhalt zunächst mit viel konz. Salzsäure versetzt, von dem Ungelösten abfiltriert, das Filtrat mit Wasser verdünnt mit Natron übersättigt, mit Essigsäure ansäuert und endlich mit Äther ausschüttelt. Die ätherische Lösung wird dann weiter wie oben beschrieben verarbeitet.[1]

Zusammensetzung des Phylloporphyrins.

Die Analyse des Phylloporphyrins sowie auch seines unten zu beschreibenden Zinksalzes führte zu der Formel $C_{32}H_{34}N_4O_2$.

Ber.	Gefund.
C : 75.89	75.98
H : 6.73	7.10
N : 11.06	11.02

Zinksalz $C_{32}H_{32}N_4O_2Zn$.

Ber.	Gefund.
C : 67.46	67.31
H : 5.63	6.10

Eigenschaften des Phylloporphyrins.

Das Phylloporphyrin stellt in krystallinischem Zustande eine prachtvoll dunkel rotviolett gefärbte, krystallisierte Substanz vor. Unter dem Mikroskop erscheinen die Krystalle als kurze, regelmäfsige, dunkelrote, glasglänzende Prismen. Dünnere Kryställchen erscheinen im durchfallenden Lichte rotviolett. Die Krystalle lösen sich nicht sehr leicht in Alkohol und Äther mit prachtvoll roter Farbe. Die Lösungen fluoreszieren prachtvoll rot und bekommen durch Zusatz von Spuren einer Säure einen bläulichen Stich. In Mineralsäuren und Eisessig lösen sie sich mit rotvioletter Farbe, wobei salzartige, ziemlich beständige Verbindungen gebildet werden (siehe spektroskopisches Verhalten des Phylloporphyrins). Diese Lösungen geben beim Schütteln mit Äther an diesen nichts ab, auch nicht im Falle, wenn man dieselben stark mit Wasser verdünnt. Das Ausäthern kann nur gut gelingen, wenn man die Säure durch Natronzusatz absättigt resp. die salzartige Verbindung zerstört, die alkalische Lösung von neuem schwach ansäuert und mit Äther tüchtig durchschüttelt. Neben den basischen Eigenschaften besitzt das Phylloporphyrin auch,

---

[1] Neben dem Phylloporphyrin und den anderen Farbstoffen wurde Ammoniak und geringe Mengen höher-molekularer Basen nachgewiesen.

wenn auch weniger prägnant ausgesprochene, saure Eigenschaften. In wässerigen Alkalien lösen sich zwar die Krystalle der Substanz so gut wie gar nicht. Giefst man jedoch die alkoholische Lösung in wässerige Natronlauge, so bekommt man eine braune Suspension des Natriumsalzes, welche der Flüssigkeit durch Äther nicht entzogen werden kann. Zerstört man das Salz durch Essigsäurezusatz, so wird das in Freiheit gesetzte Phylloporphyrin durch Äther entzogen. Dieses Verhalten deutet bereits auf die saure Natur des Phylloporphyrin hin, und sie wird noch besonders dadurch zum Vorschein gebracht, dafs es, wie bereits erwähnt, ein gut krystallisiertes Zinksalz zu bilden vermag. Dasselbe bildet sich durch Zusatz von Zinkacetat zu einer alkoholischen Lösung des Phylloporphyrins. Es löst sich ziemlich schwer in Alkohol und krystallisiert aus diesem Lösungsmittel in feurig roten Krystallschüppchen, die unter dem Mikroskop als aus feinen Nädelchen zusammengesetzt erscheinen. Das Zinksalz wird nur schwierig durch Essigsäure zersetzt, hingegen leicht durch Salzsäure unter Bildung des Chlorhydrates des Phylloporphyrins.

Spektroskopisches Verhalten des Phylloporphyrins.

Das Phylloporphyrin ist in spektroskopischer Beziehung ein höchst interessanter Körper. Seine ätherische Lösung zeigt ein Spektrum mit sieben Bändern, von denen die meisten mit ausgezeichneter Schärfe markiert sind. Das erste Band des Spektrums liegt bereits aufserhalb der roten Region; es ist aufserordentlich scharf begrenzt. Ihm folgt ein äufserst mattes, kaum sichtbares Band. Darauf kommt ein etwas intensiveres Band, welches äufserst schmal ist und in Spektroskopen von geringerer Dispersion den Eindruck eines scharf begrenzten Fadens macht. Hinter der D-Linie folgen dann zwei Bänder, von denen das dem stärker brechbaren Ende des Spektrums zugewandte an Dunkelheit dem ersten Band, zwischen C und D nahesteht. Die erwähnten Bänder sind durch einen Schatten mit einander verbunden und das Band V ist ebenfalls von einem Schatten benachbart, der jedoch der markierten Abgrenzung von seinem dunkeln Nachbarn wegen, als besonderes Band angesehen werden könnte. Um E und F endlich liegen zweite breite aufserordentlich dunkle und gut begrenzte Bänder. Die alkoholische Lösung zeigt ein ähnliches Spektrum wie die ätherische, nur sind Band II und III unsichtbar und Band IV und V zu einem einzigen Band verschmolzen.

Ganz eigentümliche Spektren zeigen die mit Salzsäure angesäuerten alkoholischen Lösungen des Phylloporphyrins sowie auch
Lösungen desselben in konzentrierten Säuren. Das Spektrum solcher
Lösungen besteht nämlich aus weit weniger Bändern als das der
ätherischen Lösungen. Die alkoholische mit Salzsäure angeäuerte
Lösung des Phylloporphyrins zeigt das nämliche Spektrum, wie die
Lösung der Substanz in konz. Salzsäure und besteht aus drei Bändern. Das erste von diesen liegt hart an der Linie D, das dritte
nahe an E, und zwischen ihnen ist noch ein sehr mattes sichtbar.
Dieses Verhalten veranlafste eben Schunck und Marchlewski anzunehmen, dafs der Körper mit dem Phylloporphyrin von Hoppe-Seyler
identisch ist und dafs das vermeintliche Spaltungsprodukt der Dichromatinsäure als die Lösung dieser Substanz in einem sauren
Medium aufzufassen ist. Das Gesagte wird noch durch den Vergleich der die Lage der Absorptionsbänder charakterisierenden
Wellenlängen deutlicher gemacht:

Dichromatinsäure Hoppe-Seylers.		Phylloporphyrin Schunck u. Marchlewski.	
Band I: $\lambda=638$ bis $\lambda=628$		$\lambda=630$ bis $\lambda=622$	
„ II: $\lambda=623$ „ $\lambda=618$		$\lambda=615$ „ $\lambda=612$	
„ III: $\lambda=585$ „ $\lambda=558$		$\lambda=600$ „ $\lambda=595$	
„ IV: $\lambda=550$ „ $\lambda=533$		$\lambda=576$ „ $\lambda=566$	
„ V: $\lambda=528$ „ $\lambda=520$		$\lambda=563$ „ $\lambda=558$	
„ VI: $\lambda=483$ „ $\lambda=513$		$\lambda=537$ „ $\lambda=512$	
„ VII:		$\lambda=505$ „ $\lambda=473$	

Phylloporphyrin (Hoppe-Seylers Spaltungsprod. der Dichromatinsäure.)		Phylloporphyrin- chlorhydrat.	
Band I: $\lambda=613$ bis $\lambda=602$		$\lambda=598$ bis $\lambda=587$	
„ II: $\lambda=575$ „ $\lambda=537$		$\lambda=571$ „ $\lambda=563$	
„ III:		$\lambda=551$ „ $\lambda=533$	

Dafs schliefslich der Körper, der oben als Chlorhydrat des
Phylloporphyrins aufgefafst wurde, wirklich die Natur eines solchen
besitzt, das folgt bereits daraus, dafs man aus ihm das freie Phylloporphyrin mit seinen charakteristischen spektroskopischen Eigenschaften
durch Alkalizusatz zurückgewinnen kann.

Ein überaus eigentümliches spektroskopisches Verhalten zeigt
auch das Zinksalz des Phylloporphyrins. Während die Lösungen der
Alkalisalze desselben Spektren besitzen, die sich äufserst wenig von

denen des freien Phylloporphyrins unterscheiden, zeigt die Lösung des Zinksalzes nur zwei Bänder. Die Lage derselben charakterisiert sich durch die folgenden Wellenlängen:

Band I: $\lambda=575$ bis $\lambda=560$

„ II: $\lambda=540$ „ $\lambda=518$.

Schlussbetrachtungen.

Im Vorstehenden sind, wie ich glaube, die wichtigsten und sichersten Resultate der bisherigen Chlorophyllforschungen niedergelegt. Das Resultat ist leider noch ein sehr dürftiges, über die Molekel des Chlorophylls sind wir noch äufserst wenig unterrichtet, das Studium derselben hat eigentlich jetzt erst begonnen. Die Umwandlungen des Chlorophylls wurden bis jetzt nur in einer Richtung verfolgt, man schenkte vor allem den gefärbten Reaktionsprodukten ein besonderes Interesse, während die dieselben sicher begleitenden farblosen Bestandteile fast ganz aufser acht gelassen wurden.

Ebensowenig sind wir über die Mechanik dieser Umwandlungen unterrichtet.

Zu den, wie es schien, am besten in dieser Richtung bekannten Vorgängen zählte man die Chlorophyllanbildung. Nach Tschirch sollte, wie an passender Stelle entwickelt wurde, die Bildung des Chlorophyllans auf einem Oxydationsvorgange beruhen, und obwohl diese Anschauung, wie Schunck nachwies, durch den Tschirchschen Versuch keineswegs als sicher begründet erscheint, verdient sie, als erste Bestrebung die Umwandlung des Chlorophylls durch präzise, an der Hand wohl definierter chemischer Reaktionen gewonnener Begriffe zu charakterisieren, hervorgehoben zu werden.[1]

Das Produkt dieser vermeintlichen Oxydation, das Chlorophyllan, ist nach Hoppe-Seylfr als ein Lecithin zu betrachten, in welchem sich Glycerin und Cholin in Verbindung mit Phosphorsäure befindet, das Glycerin aber aufserdem (entweder allein oder zugleich mit fetten Säuren) mit Chlorophyllansäure verbunden ist. Daraus ginge hervor, dafs das Studium der Chlorophyllfrage mit dem der Lecithine überhaupt eng verbunden ist, und dafs die Chlorophyllansäure resp.

---

[1] Betreffs weiterer Beweise für die obige Annahme vgl. man Tschirch, *Untersuchungen etc.* S. 64.

Phyllocyaninsäure[1] oder schliefslich Phyllotaonin (alle drei Substanzen sind höchst wahrscheinlich identisch) den färbenden Bestandteil der Chlorophyllmolekel ausmachen würde. Allein, wie kompliziert auch bereits die geschilderten Verhältnisse erscheinen mögen, der wirkliche Sachverhalt scheint noch viel verwickelter zu sein. Das Chlorophyllan soll sich, älteren Anschauungen nach, in Phylloxanthin und Phyllocyanin spalten, zwei Körper, die auch direkt durch Behandlung von Chlorophylllösungen mit Mineralsäuren erhalten werden können. Abgesehen davon, dafs noch Unsicherheit darüber herrscht, ob Phylloxanthin identisch oder nicht[2] mit Chlorophyllan ist, ist hervorzuheben, dafs von einer Spaltung in diese beiden Körper, in Anbetracht des erwiesenen Überganges von Phylloxanthin in Phyllocyanin, weder beim Chlorophyllan noch dem Chlorophyll selbst die Rede sein kann. Phylloxanthin und Phyllocyanin sind vielmehr zwei Substanzen, die sicher denselben färbenden Komplex enthalten und von einander wahrscheinlich nur durch einen sauren Bestandteil unterschieden sind. Bezeichnet man diesen mit y, so wäre Phylloxanthin = Phyllocyanin + y. Damit wird es verständlich, wie es kommt, dafs Phylloxanthin durch Behandlung mit konzentrierten Säuren in Phyllocyanin umgewandelt wird, indem wir hier offenbar das Resultat eines Verdrängens einer schwächeren Säure (y), die mit einem basischen Komplex (Phyllocyanin) verbunden ist, durch eine stärkere Säure (HCl) vor uns haben. Um einen ganz klaren Blick für die obigen Verhältnisse zu haben, ist es natürlich notwendig, die Natur dieses Körpers y mit aller Schärfe zu kennen. Hält man das Chlorophyllan für ein chemisches Individuum und bezeichnet den den Unterschied zwischen diesem und dem Phylloxanthin ausmachenden Körper mit x, so wäre dem stufenweisen Aufbau zufolge:

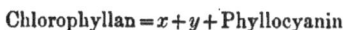

$$\text{Chlorophyllan} = x + y + \text{Phyllocyanin}$$

und es drängt sich somit die Frage nach der Natur des Phyllocyanins auf. Zunächst ist hervorzuheben, dafs in diesem Körper der Lecithinrest, nämlich Glycerinphosphorsäure, nicht mehr vorhanden sein kann, denn Phyllocyanin ist aschenfrei. Ist also HOPPE-SEYLERS Auffassung des Chlorophyllans richtig, so mufs der Lecithinrest in den mit x oder y bezeichneten Abspaltungsprodukten zu suchen sein,

[1] Falls dieselbe durch Eindampfen der salzsauren Phyllocyaninlösung gewonnen ist.

[2] Vgl. SCHUNCK, Proc. Roy. Soc. 39, 360.

und zwar am wahrscheinlichsten im Bestandteil x. (Im Falle: Phylloxanthin = Chlorophyllan fällt natürlich Glied x fort.)

Phyllocyanin hat also mit Lecithin nichts mehr zu schaffen. Trotzdem ist es aber wahrscheinlich keineswegs eine einheitliche Substanz, insofern wenigstens, als es durch die Einwirkung von gelinde wirkenden Agentien, wie kalte konzentrierte Schwefelsäure oder wässerige Alkalien, eine neue Substanz bildet, nämlich das Phyllotaonin. Wenn von dem Phyllocyanin als von einer nicht einheitlichen Substanz gesprochen wird, so jedoch keineswegs in der Meinung, dieselbe stelle ein Gemisch von Substanzen dar. Die gleiche Wirkung von Säuren und Alkalien deutet vielmehr darauf hin, dafs wir es hier mit einem subtilen Hydrolysierungsprozefs — dem der Glukoside ähnlichen — zu thun haben, dafs also Phyllocyanin unter den angegebenen Bedingungen in mindestens zwei Körper gespalten wird, von denen der eine Phyllotaonin ist. Phyllocyanin wäre demnach Phyllotaonin + z und das Chlorophyllan:

$$x + y + z + \text{Phyllotaonin,}$$

wobei die Bestandteile x, y und z, wie es scheint, mit dem eigentlichen Farbstoff nichts zu thun haben.[1]

Glücklicherweise ist das Phyllotaonin, wie bereits zur Genüge dargethan wurde, unstreitbar das best charakterisierte Spaltungsprodukt des Chlorophylls. Seine chemische Zusammensetzung, die durch die Formel:

$$C_{40}H_{40}N_6O_6$$

ausgedrückt wird, erscheint durch die Analysen des freien Phyllotaonins, seiner beiden Alkyläther und seines Acetylderivates ziemlich sicher gestellt.

So gestalten sich die Verhältnisse beim schrittweisen Verfolgen der Säurespaltungsprodukte des Chlorophylls — ganz anders beim Alkachlorophyll. Dieser Körper liefert, mit Säuren behandelt, neben noch nicht genau untersuchten Produkten sofort Phyllotaonin. Fafst man diese Thatsache näher ins Auge, so ergiebt sich in anbetracht der von SCHUNCK und dem Verfasser gemachten Beobachtung, dafs man Alkachlorophyll absolut aschenfrei darstellen kann, zunächst das Resultat, dafs wenn HOPPE-SEYLERS Ansicht über die Natur des

---

[1] Erwähnen will ich, dafs man aus den Untersuchungen von WOLLHEIM (l. c.) vermuten könnte, x sei Cholesterin, aber die Beobachtungen des genannten Autors scheinen mir noch sehr der Bestätigung zu bedürfen. SCHUNCK (*Ann. of Bot.* **3,** 119) meint, es wäre nicht ausgeschlossen, dafs eins von den Spaltungsprodukten des Chlorophylls Kohlensäure ist.

Chlorophylls resp. Chlorophyllans richtig ist, bei der Behandlung des Chlorophylls mit Alkalien bereits, wie auch zu erwarten ist, der Lecithinrest, ich meine die Glycerinphosphorsäure, abgespalten wird, und nunmehr das Phyllotaonin nur in Vereinigung mit rein organischen Resten vorliegt; ferner ersieht man daraus, dafs das Alkali die Molekel des Chlorophylls weit energischer angreift als Säuren, und dafs für die Kenntnis der Zusammensetzung der Chlorophyllmolekel die Verfolgung der Säurespaltungsprodukte des Chlorophylls von besonderer Wichtigkeit ist.

Der Vorgang der Alkalispaltung des Chlorophylls drängt wiederum die wichtige Frage nach der Natur der farblosen Spaltungsprodukte auf. Sind dieselben mit dem einen oder anderen Spaltungsprodukte identisch? Eine bestimmte Antwort kann man leider auch hier nicht geben, da die erwähnten Körper eben noch gar nicht untersucht worden sind. Indes erscheint es a priori sehr wahrscheinlich, dafs ein Zusammenhang zwischen den Säure- und Alkalispaltungsprodukten des Chlorophylls existieren mufs. Alkachlorophyll giebt, wie gesagt, Phyllotaonin und daneben noch mindestens einen anderen Körper, vielleicht, wie Schunck gezeigt hat, eine organische Base, es ist demnach:

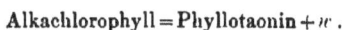

Alkachlorophyll = Phyllotaonin + w .

Die Bindung der beiden letzteren Körper wird bereits durch Einwirkung schwacher Säuren gelöst. Beim Phyllocyanin wird eine ähnliche Spaltung besonders leicht durch Alkalien, schwieriger durch Säuren verursacht, und man könnte demnach annehmen, dafs die den Unterschied zwischen Phyllocyanin und Alkachlorophyll ausmachenden Körper w und z hauptsächlich dadurch unterschieden zu sein scheinen, dafs w basischer als z ist, oder dafs z überhaupt keinen basischen Charakter besitzt.

Bei den entwickelten Betrachtungen wurde stillschweigend angenommen, dafs der in sämtlichen Spaltungsprodukten des Chlorophylls enthaltene Bestandteil, das Phyllotaonin, keinen Umwandlungen unterliegt, eine Annahme, die nicht unwahrscheinlich, aber natürlicherweise durchaus nicht bewiesen ist. Jedenfalls verdient jedoch betont zu werden, dafs die Thatsache — Phyllotaonin verhalte sich spektroskopisch total verschieden als Chlorophyll, gegen das Intaktbleiben dieses Körpers nicht sprechen kann, da wir eben wissen, dafs die Anlagerung von beispielsweise Salzen der Fettsäuren an Spaltungsprodukte des Chlorophylls im stande ist, die Spektren der letzteren denen des Chlorophylls ähnlich zu gestalten. Ich er-

innere nur an das Zinkacetatphyllocyanin, an Kupferacetatphyllocyanin, an Zinkkarbonatphyllocyanin und endlich an Kupferacetat-
phyllotaonin. Ähnlich wie beispielsweise die Anlagerung von Zinkacetat an die Molekel des Phyllocyanins ein Verschwinden des fünften
Bandes des Phyllocyaninspektrums verursachen kann, so könnten
auch basische, oder saure, oder schliefslich diese und jene gleich-
zeitig an die Molekel des Phyllotaonins angelagert, die Schwingungen
der verschiedenen Teile der letzteren so modifizieren, dafs das
Chlorophyllspektrum zustande käme. Trotzdem wäre es natürlich
vollkommen unstatthaft, das Phyllotaonin als den Blätterfarbstoff zu
betrachten, wie es auch nicht angeht in dem Alkachlorophyll einen
solchen zu sehen, da es eben auf die anderen Bestandteile ebenso
viel ankommt, wie auf diesen, und das Blattgrün seine physiologische
und physikalische Rolle nur als Phyllotaonin in Vereinigung mit den
anderen Spaltungsprodukten spielen kann, analog wie das Chlorhydrat
des Hexamethyltriamidotriphenylmethancarbinolanhydrids aufhört ein
violetter Farbstoff zu sein und die Rolle eines solchen zu spielen, wenn
man ihn seiner Methylgruppen beraubt. Wie nun auch der wirkliche
Sachverhalt dieser Angelegenheit sein mag, verdient das Studium des
Phyllotaonins, weil es eben als Schlufsstein der Spaltungen des Chlorophylls auftritt, ein hervorragendes Interesse. Über den chemischen
Bau desselben sind wir natürlich noch vollkommen im Unklaren
und die Thatsache, dafs es BAEYER[1] vor Jahren gelang, einen Ab-
kömmling des Furfurols darzustellen, der nach SACHSSE[2] in spektroskopischer Beziehung dem Chlorophyll ähnlich ist, kann vorläufig in
dieser Angelegenheit nichts beitragen. Das Spektroskop, wie aus-
gezeichnete Dienste es bereits auch geleistet hat, ist eben nicht
immer ein fehlerfreier Berater.

Die Frage nach der Konstitution des Phyllotaonins kann nur
auf analytischem Wege beantwortet werden; es ist geboten, seine
weiteren Abbaustufen zu verfolgen, zu versuchen, aus denselben bekannte, einfachere Körper darzustellen, hierdurch einen Blick in den
Bau dieser Abbauprodukte zu bekommen und endlich mit Hilfe der
gewonnenen Erkenntnis auf die Natur des Phyllotaonins selbst zu
schliefsen. Als erster Schritt in dieser Richtung ist der Abbau des
Phyllotaonins zu Phylloporphyrin zu betrachten.

Es ist endlich noch zweier Fragen der Chlorophyllchemie zu

---

[1] Ber. deutsch. chem. Ges. 5, 26.
[2] Chemie u. Phys. d. Farbstoffe etc. Hamburg u. Leipzig, Voss. (1877), 8.

gedenken, die hier in Kürze erledigt werden können. Es sind dies die folgenden: 1. giebt es mehrere Chlorophylle und 2. enthält Chlorophyll Eisen?

Die erstere Frage muſs auf Grund einer Notiz von Stokes[1] aufgeworfen werden, welcher Forscher gefunden haben will, daſs der grüne Farbstoff der Landpflanzen eine Mischung von vier Farbstoffen darstellt, von denen zwei grün und zwei gelb sind. Ich gebe den vollen Wortlaut des diesbezüglichen Passus der citierten Abhandlung hier an:

„I find the chlorophyll of landplants to be a mixture of four substances, two green and two yellow, all possessing highly distinctive optical properties. The green substances yield solutions exhibiting a strong red fluorescence, the yellow substances do not. The four subsances are soluble in the same solvents, and three of them are extremely easily decomposed by acids, or even acid salts; but by proper treatment each may be obtained in a state of very approximate isolation, so far at least as coloured substances are concerned. The phyllocyanine of Frémy is mainly the product of decomposition by acids of one of the green bodies and is naturally a substance of neutral tint, showing however extremely sharp bands of absorption in its neutral solutions, but dissolves in certain acids and acid solutions with a green or blue colour. Phylloxanthine when prepared by hydrochloric acid and ether is mainly a mixture of the same yellow body (partly it may be decomposed) with the product of decomposition by acids of the second green body . . . ."

Was die gelben erwähnten Farbstoffe anbelangt, so kann der Befund Stokes' vorläufig nicht mit Sicherheit beurteilt werden. Hingegen darf man in Bezug auf die grünen Farbstoffe mit ziemlicher Sicherheit annehmen, daſs dieselben mit einander identisch sind, und daſs die von Stokes beobachteten Unterschiede[2] auf nicht gleiche Reinheit der untersuchten Körper zurückzuführen sind. Jedenfalls können Phylloxanthin und Phyllocyanin nicht als Spaltungsprodukte zweier verschiedener Farbstoffe angesehen werden, da, wie gezeigt wurde, diese Körper durchaus in genetischer Beziehung zu einander stehen und als Abbauprodukte eines und desselben Stoffes auftreten.

Die Ansichten von Stokes teilt zum Teil auch Sorby,[3] indem

---

[1] *Proc. Roy. Soc.* 13, 144.
[2] Worin dieselben eigentlich bestehen, weiſs man nicht, da Stokes es unterlassen hat, seine citierte Notiz zu vervollständigen.
[3] *Proc. Roy. Soc.* 21, 451.

er die Meinung ausspricht, Seealgen enthielten zwei grüne von einander verschiedene Pigmente.[1] Das Studium wurde jedoch nur mit Hilfe des Spektroskops durchgeführt, und die Resultate dürfen so lange als unbewiesen gelten, als chemische Beweise ausbleiben werden.

In neuester Zeit endlich will A. ÉTARD[2] in den Blättern grüner Pflanzen (Medicago sativa) vier verschiedene Chlorophylle isoliert haben. Die Methode, deren sich dieser Chemiker bediente, ist im Grunde genommen die alte — SORBY'sche. Über die Resultate kann man leider auf Grund der citierten Notiz nicht recht urteilen, da sie zu oberflächlich ist. Indes ist der Eindruck, den ein in der Chemie des Chlorophylls Bewanderter und selbständig an der Bearbeitung dieses Gebietes Beteiligter beim Lesen dieser Notiz empfängt, der, dafs ÉTARD den Gegenstand in Angriff genommen hat, ohne erstens die sonstige einschlägige Litteratur berücksichtigt zu haben, und zweitens aber auch, dafs er die Chlorophyllchemie ungerechtermafsen noch für ein Gebiet hält, in welchem ungefähre und unsichere Angaben von irgend einem Nutzen sein könnten.

Was die zweite, oben berührte Frage anbetrifft, so wird gegenwärtig auf Grund der Versuche von H. MOLISCH[3] angenommen, dafs Chlorophyll eisenfrei ist, eine Annahme, die mit den Resultaten der Untersuchung aller rein dargestellten Chlorophyllderivate gut übereinstimmt.

---

[1] Die Trennung der verschiedenen Farbstoffe geschah durch Schütteln alkoholischer Extrakte mit CS_2 oder Benzol.

[2] *Compt. rend.* 119, 249.

[3] *Bot. Centrbl.* 50, 370 — ausführlich in *Die Pflanze in ihren Beziehungen zum Eisen.* Jena (G. FISCHER), 1892.